西村 誠 著

C&R研究所

■権利について

■本書の内容について

- 本書は著者・編集者が実際に操作した結果を慎重に検討し、著述・編集しています。ただし、本書の記述内容に関わる運用結果にまつわるあらゆる損害・障害につきましては、責任を負いませんのであらかじめご了承ください。
- 本書は2019年12月現在の情報で記述されています。

■サンプルについて

- 本書で紹介しているサンプルコードは、C&R研究所のホームページからダウンロードすることができます。詳しくは5ページを参照してください。
- サンプルコードの動作などについては、著者・編集者が慎重に確認しております。ただし、サンプルコードの運用結果にまつわるあらゆる損害・障害につきましては、責任を負いませんのであらかじめご了承ください。
- サンプルデータの著作権は、著者及びC&R研究所が所有します。許可なく配布・販売することは堅く禁止します。

●本書の内容についてのお問い合わせについて

この度はC&R研究所の書籍をお買いあげいただきましてありがとうございます。本書の内容に関するお問い合わせは、「書名」「該当するページ番号」「返信先」を必ず明記の上、C&R研究所のホームページ(http://www.c-r.com/)の右上の「お問い合わせ」をクリックし、専用フォームからお送りいただくか、FAXまたは郵送で次の宛先までお送りください。お電話でのお問い合わせや本書の内容とは直接的に関係のない事柄に関するご質問にはお答えできませんので、あらかじめご了承ください。

〒950-3122 新潟県新潟市北区西名目所4083-6　株式会社 C&R研究所　編集部
FAX 025-258-2801
『基礎から学ぶ baserCMS』サポート係

はじめに

baserCMSは国産のCMS作成フレームワークです。そのため、日本語で書かれた資料・日本の制作会社が多く、言語的な障壁が低いのが強みの1つです。

また、企業が自社を紹介するサイト（コーポレートサイト）を作成するために必要とする機能を過不足なく備えているというコンセプトが、シンプルで多機能過ぎない管理サイトを実現し、快適な使い心地を提供します。

本書企画時から書き終わりまで、baserCMSの生みの親である江頭様にさまざまなアドバイスをいただきました。その熱意に打たれ、普段は予定よりページ数が少なめになりがちな私にしては珍しく、ページ数をオーバーしてしまいました。

オーバーしたデータベースのテーブル解説は出版社のC&R研究所様のご厚意によりPDFでダウンロード提供できることになりました。

さまざまな方々のご助力により本書はbaserCMSを触り始める最初の一歩をサポートできる書籍になったと実感しています。

最後に江頭様をはじめとしたbaserCMSコミュニティの皆様、デザイナー視点から知見をくれたパートナー、長期にわたり尽力くださいましたC&R研究所の吉成様に心からの感謝を表明いたします。

2019年12月

西村 誠

本書について

本書の想定する読者

本書は、HTMLやCSS、JavaScriptやPHPに触れた経験のある読者を想定しています。また、LinuxやWebサーバー関係の知識もあるのが望ましいです。これらの基礎的な知識については説明を割愛していますので、ご了承ください。

また、各章で想定している読者のスキルレベルについては、下記の「本書の構成」をご確認ください。

本書の構成

本書の各章には想定している読者のスキルレベルがあります。

CHAPTER-1である本章はHTMLやプログラミングを触らない店舗管理者の方にも読めるように書かれています。

CHAPTER-2ではサイトのデザインを編集するデザイナーに向けて、表示部分に関わる部分を解説しました。プログラミングコードは表示を編集するために理解する必要がある最低限に留めています。

CHAPTER-3からCHAPTER-5はプログラミングも含めたbaserCMSの広い内容を扱っています。

それぞれの章で重複したテーマがありますが、それぞれ対象に合わせた内容を解説しています。

本書の動作環境について

本書は以下の環境で動作を確認しております。

- Windows10
- CentOS 7
- PHP 7.3
- MariaDB 10.4

本書の表記について

本書の表記に関する注意点は、次の通りです。

◆ディレクト(フォルダ)の表記について

本書ではディレクト(フォルダ)の階層を / で区切って表記しています。たとえば、theme/bc_sample/Layouts/default.php という表記は、「theme」→「bc_sample」→「Layouts」ディレクトリ内にある「default.php」ファイルを表しています。なお、app/ のように末尾が / の場合は、それがディレクトリ(フォルダ)であることを表しています。

◆ソースコード内の▼について

本書に記載したソースコードは、誌面の関係上、1つのソースコードがページをまたがって記載されていることがあります。その場合は▼で、1つのコードであることを表しています。

サンプルについて

本書で紹介しているサンプルデータは、C&R研究所のホームページからダウンロードできます。本書のサンプルを入手するには、次のように操作します。

❶「http://www.c-r.com/」にアクセスします。
❷トップページ左上の「商品検索」欄に「297-6」と入力し、[検索]ボタンをクリックします。
❸検索結果が表示されるので、本書の書名のリンクをクリックします。
❹書籍詳細ページが表示されるので、[サンプルデータダウンロード]ボタンをクリックします。
❺下記の「ユーザー名」と「パスワード」を入力し、ダウンロードページを表示します。
❻「サンプルデータ」のリンク先のファイルをダウンロードし、保存します。

サンプルのダウンロードに必要な
ユーザー名とパスワード

ユーザー名 **baser**
パスワード **8m2pu**

※ユーザー名・パスワードは、半角英数字で入力してください。また、「J」と「j」や「K」と「k」などの大文字と小文字の違いもありますので、よく確認して入力してください。

ダウンロード用のサンプルファイルは、ZIP形式で圧縮してありますので、解凍してお使いください。

CONTENTS

CHAPTER 1 baserCMSの概要

CHAPTER 2 デザインカスタマイズ入門

CHAPTER 3 CakePHPの基礎

CHAPTER 4 プログラミングカスタマイズ入門

CHAPTER 5 プラグイン入門

CHAPTER 1

baserCMSの概要

baserCMSの概要

ここでは、baserCMSの概要や特徴を説明します。

baserCMSとは

baserCMSはWebサイトを作成する際に利用するCMSです。

CMSはコンテンツ管理システム（Content Management System）の略称でWebサイトに必要なブログやメールフォームといった機能を提供してくれます。

- **baserCMSの公式サイト**

  URL https://basercms.net/

CMSにはbaserCMSのほかに、世界的に普及しブログなどで利用されるWordPressや、静的なHTMLを出力するため負荷の低いMovableType、手軽に導入できるJimdoなど、さまざまな特徴を持ったCMSが存在します。

baserCMSの特徴

baserCMSには他のCMSと比べて次のような特徴があります。

◆コーポレートサイトにちょうどいい機能

baserCMSは「コーポレートサイトにちょうどいいCMS」がキャッチフレーズです。キャッチフレーズの通り、企業が自社の情報を発信するコーポレートサイトに必要な機能を備えています。

たとえば、用途に応じた複数のメールフォームの設置や、ブログの開設などを行うことができます。

多機能過ぎるCMSは利用する上で複雑になり、機能が少ないCMSは、ない機能を我慢するか、必要な機能を追加する費用が発生します。CMS選びでは過不足なく目的に応じた機能があることが1つのポイントになります。

◆高いカスタマイズ性

baserCMSはオープンソースのCMSです。そのため、ソースコードを変更して機能のカスタマイズを行うことができます。

PHPではメジャーなCakePHPをベースとしているため、CakePHPの開発経験があれば、学習コストが下がります。

◆使いやすい管理画面

baserCMSの4.2以降では、新しい管理画面を利用することができます。ツリー形式のメニューや管理画面の利用者が使いやすい変更が加えられています。

新しい管理画面は執筆現在はベータ版ですが、ベータ版期間は6カ月と定められているため、本書発売前後には正式版となる予定です。

◆日本産

baserCMSは日本で作成されたCMSです。日本語で書かれたドキュメントが豊富に存在し、ユーザーフォーラムでは日本語で質問することができます。開発会社に依頼する際も日本の会社が多く存在します。

baserCMSの機能

baserCMSの機能は次の通りです。

▼フロント機能一覧

分類	機能	説明
ページ	サーバーキャッシュ	プログラムの出力結果をサーバー上に保存し処理速度を向上します。
	編集リンク表示	管理画面にログインした状態であれば、ツールバー上に編集画面へのリンクを表示します。
ブログ	カテゴリ別記事一覧	ブログカテゴリ別の記事の一覧を表示します。
	タグ別記事一覧	タグ別の記事の一覧を表示します。
	月別記事一覧	月別の記事の一覧を表示します。
	日別記事一覧	日別の記事の一覧を表示します。
	カレンダー	カレンダー形式で、日別記事一覧へのリンクを表示します。
	最近の投稿	最近投稿された記事の一覧を表示します。
	カテゴリ一覧	カテゴリ別記事一覧へのリンクを一覧で表示します。
	月別アーカイブ一覧	月別記事一覧へのリンクを一覧で表示します。
	コメント送信・承認	各ブログ記事ごとにコメントを送信することができます。ユーザーよりコメントが送信された際、管理者が承認したもののみ公開することができます。コメントが送信された場合は、管理者用のメールアドレスに通知します。
	コメント画像認証	画像で生成した文字列を入力させることで認証を行います。
	編集リンク表示	管理画面にログインした状態であれば、ツールバー上に編集画面へのリンクを表示します。
メールフォーム	メール送信	フォーム経由で管理者宛にメールをすることができます。
	入力チェック	必須チェック、Eメールチェックなど、各種入力チェックを行います。
	自動変換	入力内容中の全角文字を半角文字に自動変換します。
	住所補完	郵便番号をもとに住所を検索し、自動入力します。
	送信前確認	入力後、送信前に入力内容の確認が行えます。

分類	機能	説明
メール フォーム	自動リダイレクト	送信完了後、指定したURLへ自動でリダイレクトします。
	画像認証	メールフォーム送信の際、画像で生成された文字列を入力させ、認証を行います。
	ユーザーへの控え メール送信	メール送信時、入力内容にEメールの項目があればユーザー宛に控えメールを送信します。
	ファイル添付機能	画像ファイルやPDFファイルを添付するフォームを作ることができます。
フィード	RSSフィード読み込み	自サイトのブログのRSSフィードだけでなく、他サイトのRSSフィードも読み込み、整形した上で貼り付けることができます。
	サーバーキャッシュ	外部RSSフィードを読み込む際などに取得した内容をサーバー上に保存し、サーバーの負荷軽減を行います。
スマート フォン	スマートフォン自動 リダイレクト	スマートフォンからのアクセスの際、スマートフォン用URLに自動でリダイレクトします。
	スマートフォン用表示 最適化	スマートフォンからのアクセスの際、ブログ記事や、ナビゲーションボタンを自動でスマートフォン用の表示に最適化します。
モバイル	モバイル自動 リダイレクト	モバイルからのアクセスの際、モバイル用URLに自動でリダイレクトします。
	画像自動リサイズ	モバイルからのアクセスの際、ブログ記事や、ページ機能で投稿した画像を自動でモバイル用のサイズに変換して表示します。
	カタカナ半角変換	モバイルからのアクセスの際、カタカナや全角英数字を自動で半角文字に変換します。
その他	サイト内検索	サイト内のコンテンツをカテゴリ別に検索できます。各コンテンツは検索除外設定を行うことができます。
	Google Map表示	管理画面で登録した住所をもとにGoogle Mapの地図を簡単に表示することができます。
	Twitterユーザー タイムライン読み込み (Twitterプラグイン)	管理画面で登録した Twitterユーザー名をもとに、Twitter のユーザータイムラインを簡単に読み込むことができます。
	画像ポップアップ表示	画像をポップアップで拡大表示します。

▼管理機能一覧

分類	機能	説明
ユーザー管理	ログイン認証	管理画面で登録したユーザーのアカウントとパスワードを元に認証を行います。
	ユーザー登録・編集	複数のログインユーザーの登録が行えます。
	ユーザーグループ登録・編集	アクセス制限別にユーザーをグルーピングすることができます。
	アクセス制限設定	ユーザーグループごとに管理画面内のアクセス制限をかけることができます。
	アクセス制限の簡単追加	管理システム内の現在表示しているページに対し、簡単にアクセス制限を登録できる仕組みです。
	代理ログイン	管理者でログインしている場合に、別ユーザーの代理としてログインすることができます。
コンテンツ管理	ツリー表示	固定ページ、ブログ、メールフォームなど、プラグインが提供するコンテンツも含めて、コンテンツを階層構造をツリー形式で表示することができます。ツリー上の任意のフォルダを指定してコンテンツを配置することができます。
	コンテンツ公開状態設定	WEBページごとに公開状態の設定ができます。期間を指定して制限することもできます。
	コンテンツコピー	コンテンツを丸ごとコピーすることができます。プラグインによって対応されていない場合もあります。
	ゴミ箱	コンテンツを削除する際、そのままデータを消去せず、ゴミ箱に入れておいて、後で取り出すことができます。
	フォルダ	階層構造を作成することができます。フロントエンドでは内包するコンテンツの一覧を出力することもできます。
	エイリアス	同じコンテンツを違うURL、違う設定で表示することができます。
	リンク	階層構造上に構造とは異なったURLを配置することができます。外部URLも設定できます。こちらはコンテンツ構造を元にして出力するメニューで利用します。
	コンテンツ検索	ツリー構造の中からフォルダや、名称、公開状態などを指定してコンテンツを検索することができます。

分類	機能	説明
コンテンツ管理	固定ページタイトル・説明文個別設定	WEBページのタイトルや説明文を個別に設定することができます。
	固定ページレイアウト切り替え	コンテンツにおいて、フォルダごと、コンテンツごとにレイアウトを切り替える機能です。
	サイト検索除外設定	サイト内検索結果から除外するかどうかの設定を行うことができます。
サブサイト管理	サブサイト登録・編集	サブサイトの登録・編集を行えます。
	サイト間連携	サイト間の親子設定をすることで、コンテンツにおいてツリー構造をベースにコンテンツを連携させることができます。
	サイト間コピー	親サイトのコンテンツをもとに子サイトにコピーを作成することができます。
	サイト間エイリアス作成	親サイトのコンテンツをもとに小サイトにエイリアスを作成することができます。
	デバイス設定	子サイトにデバイスを設定することで、親サイトにアクセスした際、ユーザーエージェントを判定して適切な子サイトを表示したり、リダイレクトすることができます。
	言語設定	子サイトに言語を設定することで、親サイトにアクセスした際、ブラウザの言語設定を判定して適切な子サイトを表示したり、リダイレクトすることができます。
固定ページ管理	固定ページ登録・編集	WEBページの登録・編集を便利なHTMLエディタで行えます。
	固定ページテンプレート読み込み	FTPなどでサーバー上にアップロードしたページテンプレートを読み込んでデータベースに登録することができます。
	固定ページテンプレート書き出し	データベースに登録されているページテンプレートをテーマ内のPagesフォルダに書き出すことができます。
	固定ページコンテンツテンプレート切り替え	固定ページにおいて、所属するページカテゴリごとにコンテンツテンプレートを切り替える機能です。
	固定ページモバイル連動	PCの固定ページのコンテンツ内容をスマホとガラケで連動する機能です。
	隠しコード登録	固定ページにコンテンツ本文欄とは別にPHPやJavaScriptのコードを登録しておく機能です。
ブログ管理	ブログ作成	ブログコンテンツを複数作成することができます。
	ブログ記事登録・編集	ブログ記事の登録・編集を便利なHTMLエディタで行えます。

分類	機能	説明
ブログ管理	ブログ記事公開状態設定	ブログ記事ごとに公開状態の設定ができます。期間を指定して制限することもできます。
	サイト検索除外設定	サイト内検索結果から除外するかどうかの設定を行うことができます。
	コメント管理	ブログ記事の投稿されたコメントの承認・削除が行えます。
	ブログカテゴリ登録・編集	ブログ記事を分類するブログカテゴリの登録・編集が行えます。
	ブログタグ登録・編集	ブログ記事をタグ付けするブログタグの登録・編集が行えます。
	ブログテンプレート切り替え	ブログごとに違うデザインを適用することができます。
	アイキャッチ画像	ブログの各記事にアイキャッチ画像を登録できる機能です。
	表示件数設定	ブログ記事や、フィードの表示件数が設定できます。
メールフォーム管理	メールフォーム作成	メールフォームコンテンツを複数作成することができます。
	メール項目登録・編集	メールフォームの入力項目をテキストボックスやラジオボタン、コンボボックスなどで登録・編集することができます。
	メール項目並び替え	メール項目の表示順を並び替えることができます。
	受信メール一覧表示	受信メール個別詳細の確認、削除ができます。
	SSL利用設定	メールフォームごとにSSLの利用設定を行えます。
	BCCの利用設定	受信メールをBCCで受け取ることができます。
	メールフォームテンプレート切り替え	メールフォームごとに違うデザインを適用することができます。
	送信メールテンプレート切り替え	メールフォームごとに送信するメールのひな形を切り替えることができます。
	送信完了後リダイレクトURL登録	メールフォームの送信完了後に自動遷移するリダイレクト先のURLを登録することができます。
	送信メールCSVダウンロード	メールフォームで受信した内容をCSVファイルとしてダウンロードすることができます。

分類	機能	説明
フィード管理	フィード情報登録・編集	公開サイトに読み込むRSSフィードの登録・編集が行えます。
	複数フィード合成	複数のRSSフィード内容を合成して、日付順で並べて出力することができます。
	カテゴリ絞り込み	RSSフィードより読み込んだ記事をカテゴリで絞り込んで出力することができます。
	記事表示件数指定	RSSフィードより読み込んで出力する記事の件数を設定することができます。
	フィードテンプレート複数登録	RSSフィードを読み込んで出力する際のレイアウトを複数登録することができます。
アップロードファイル管理	ファイルアップロード	画像、Excel、Word、PDFなどのファイルをアップロードし、一覧で管理することができます。
	ファイル貼り付け	アップロードしたファイルをページ機能で管理するページやブログ記事に貼り付けることができます。
	画像サイズ設定	アップロードした画像ファイルのサイズを指定することができます。また、正方形に切り抜くことができます。
	編集制限設定	管理者以外のユーザーが、自分がアップロードしたファイル以外、編集・削除ができないように設定することができます。
	カテゴリ登録・編集	アップロードするファイルに付加するカテゴリの登録・編集が行えます。カテゴリ分けすることで、ファイルの絞り込みを行うことができます。
Twitter連動(Twitterプラグイン)	ブログ記事ツイート	ブログ記事の更新時に、編集画面からTwitter へツイートすることができます。
メニュー管理	メニュー登録・編集	グローバルナビゲーションなどで利用するメニューの登録・編集が行えます。
	メニュー並び替え	メニューの表示順を並び替えることができます。
テーマ管理	テーマ複製・切り替え	既存テーマの複製やテーマの切り替えが行えます。
	テンプレート編集	テンプレートの編集・削除が行えます。
	ファイルアップロード	テンプレートや、CSS、画像、JavaScriptのアップロードができます。
	コアファイル複製	初期状態で用意されているコアのテンプレートや、CSS、画像、JavaScriptをテーマフォルダへコピーすることができます。
	テーマ設定	テーマのベースカラーや、ロゴ画像、メイン画像の変更を行うことができます。

分類	機能	説明
ウィジェットエリア管理	ウィジェットエリア登録・編集	複数のウィジェットをとりまとめるウィジェットエリアの登録・編集が行えます。
	ウィジェット登録・設定	ウィジェットエリアへウィジェットの登録が行えます。また、ウィジェットごとに設定値の設定が行えます。
	ウィジェット並び替え	各ウィジェットエリアにおいてウィジェットの並び替えが行えます。
プラグイン管理	プラグイン登録・削除	各種プラグインの登録・削除が行えます。
システム設定	メタ情報登録・編集	サイトタイトルや、説明文、キーワードの登録・編集が行えます。
	データバックアップ	データベースのバックアップを管理画面上で行えます。
	Google Map用住所登録	Google Mapで地図を表示するための住所の登録が行えます。
	検索インデックスコンテンツ管理	サイト内検索の対象コンテンツの優先度設定、検索インデックスへの追加・削除を行えます。
	メンテナンス切り替え	メンテナンス中に切り替えることで、一般ユーザーがアクセスした場合にメンテナンス中ページを表示します。
	エディタタイプ切り替え	標準のWYSIWYGエディタをオフにしたりプラグインで提供されているエディタに切り替えることができる機能です。
	メール送信設定	サイト内で利用するメールのSMTP設定、文字コードの設定を行うことができます。
	制作・開発モード切り替え	制作・開発モードの切り替えが行えます。デバッグモードのレベルはCakePHPに準拠します。
	管理画面テーマ設定	管理画面のテーマを設定できます。
WYSIWYGエディタ	エディタテンプレート	WYSIWYGエディタ内でひな形を利用する機能です。
	エディタスタイルセット	WYSIWYGエディタ内において選択するだけでデザインを適用する「スタイル」を設定することができる機能です。
	エディタCSS	エディタ領域に指定したCSSを適用することができる機能です。

分類	機能	説明
その他	システムナビ	管理システム内のすべてのメニューを表示します。
	ツールバー	ログインしている場合には、フロントと管理システムのシームレスな移動を可能とします。
	リスト一括処理	複数のデータに対して削除処理、公開処理、非公開処理など一括処理を行うことができます。
	よく使う項目	管理システム内でよく使う項目をお気に入りとして登録しておくことができます。

▼制作者向け機能一覧

分類	機能	説明
テーマ	テーマブートストラップ	テーマ用の起動処理を記述するためのファイルを配置することができます。
	テーマヘルパー	CakePHPの仕様に合わせて作られたヘルパーをテーマに同梱できる仕組みです。
	エディタCSS	WYSIWYGエディタ領域に指定したCSSを適用することができる機能です。
	初期データダウンロード	インストール時に最初から登録される初期データを作成する機能です。
	初期データ読み込み	テーマ管理よりテーマの初期データを読み込む機能です。
	テーマ内プラグイン同梱機能	テーマ内にプラグインを同梱できる機能です。
プラグイン	プラグインブートストラップ	プラグインの起動処理を記述するためのファイルを配置することができます。
	プラグインルーティング	プラグインでルーティング設定を記述することができます。
	プラグイン設定ファイル	プラグインにおける設定ファイルを簡単に読み込むことができます。
	プラグインイベント	プラグインより本体のイベントにコールバック処理を登録することができます。
その他	コマンドインストール	baserCMSのインストールをコマンドラインから1コマンドで実行することができます。

baserCMSのシステム構成

baserCMSを利用するには次のシステム要件を満たす必要があります。

- Webサーバー：Apache
- 開発言語：PHP5.4以降(5.6以降を推奨、7.0〜7.3も動作確認済み)
- データベースサーバー：MySQL5以降またはPostgreSQL8.4以降またはSQLite3
- 必須Apacheモジュール：Rewrite
- 必須PHPモジュール：GD2、libxml、cURL、mbstring、PDO
- 管理システム対応ブラウザ：Chrome・Firefox・Safari・Internet Explorer9以降
- メール送信環境(sendmailまたは外部SMTPサーバ)

SECTION 04

Windows環境にインストールする

baserCMSをWindows環境で利用する方法について解説します。

Windows環境でbaserCMSを動かす方法

baserCMSはPHPというプログラミング言語で記述されています。PHPを利用したWebサイトをインターネット上に公開する場合、本番環境はLinux（Unix）というOSを利用するケースが大半です。

しかし、開発する際はWindowsを利用したい場合があります。その場合、主に2つの方法が考えられます。

- Hyper-VやDockerなどの仮想マシンを利用して、仮想マシン上のLinuxにbaserCMSをインストールする方法
- XAMPPを利用しWindows上にPHPやWebサーバー（Apache）を導入し、baserCMSをインストールする方法

仮想マシンを利用する方法は、本番環境と同じLinuxを利用するため、より本番に近い動作を確認することができます。しかし、Linuxの環境を構築・運用するための知識が必要になります。

XAMPPを利用する方法は手軽に環境を作成できますが、ファイルシステムなど、WindowsとLinuxで動作が異なる部分の確認ができません。

筆者の個人的な意見ですが、比較的プログラミングの修正が少ないデザイン改修などであれば、XAMPPを利用してもよいでしょう。プログラムに大きく手を入れる場合は、Linux上で動かして確認するべきです。

XAMPPを導入する

XAMPPを利用してbaserCMSをインストールする方について解説します。Linux上で動かしたい場合は、後述の「Linux環境にインストールする」(38ページ)を参照してください。

◆XAMPPのインストーラーのダウンロード

XAMPPのインストーラーは下記のページからダウンロードできます。

- XAMPP Installers and Downloads for Apache Friends

URL https://www.apachefriends.org/jp/index.html

ページの「ダウンロード」から「Windows向けXAMPP 7.3.8(PHP 7.3.8)」をクリックしてインストーラーをダウンロードします。

本書執筆時の表記は7.3.8でしたが、その時点のXAMPPの最新バージョンによって数字は異なる可能性があります。

7.3.8以外のXAMPPを利用する場合、以降の画像や説明文のバージョン表記は適宜、読み替えてください。

◆インストーラーの実行

xampp-windows-x64-7.3.8-2-VC15-installer.exe というファイルがダウンロードされるので、ファイルをダブルクリックしてインストーラーを起動します。

Windowsの設定によってはユーザーアカウント制御(UAC)の確認が表示されることがあるので、許可を行ってください。

続いてユーザーアカウント制御の権限に関する警告が表示されるので「OK」ボタンをクリックします。

警告はユーザーアカウント制御が有効な場合、権限が必要な「C:¥Program Files」以下などにインストールしないでくださいという意味です。

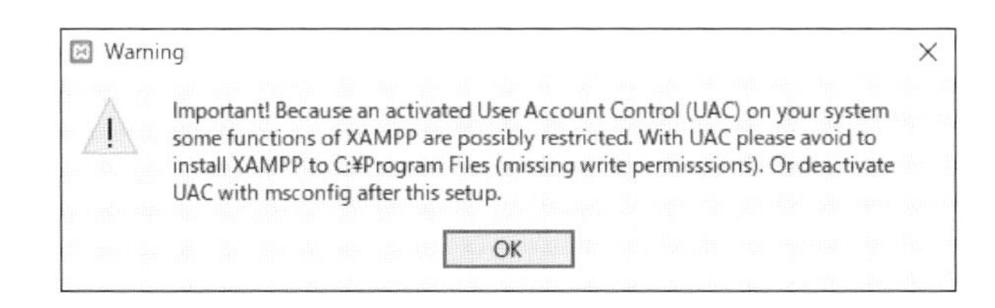

◆XAMPPのインストール

インストールウィザードが表示されるので、ウィザードに従ってインストールを進めます。

最初のページでは「Next」ボタンをクリックします。

インストールするコンポーネントを選択します。必要なコンポーネントが判断できない場合は初期状態のまま「Next」ボタンをクリックします。本書では初期状態のまま進めるものとします。

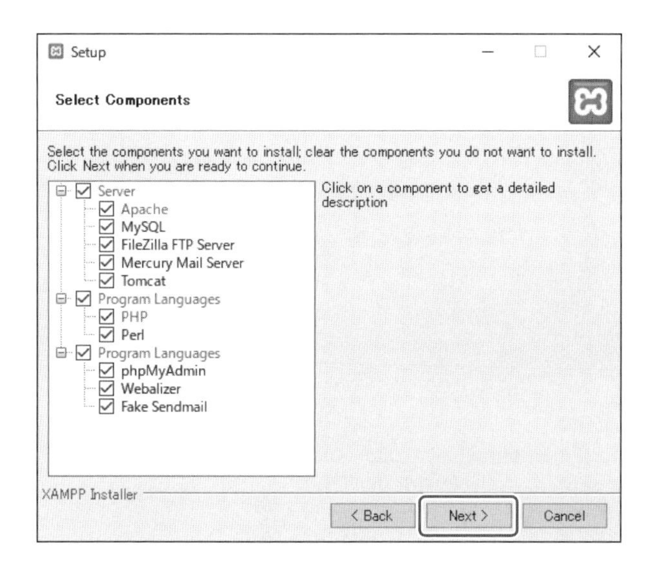

インストールを行うフォルダを選択します。インストール先を指定し、「Next」ボタンをクリックします。本書では初期状態の「C:¥xampp」にインストールするものとします。

Bitnami for XAMPPのページでは「Learn more about Bitnami for XAMPP」のチェックを外して「Next」ボタンをクリックします。BitnamiはWordPressなどをXAMPP上で動かす場合に補助してくれるソフトウェアで本書では使用しません。

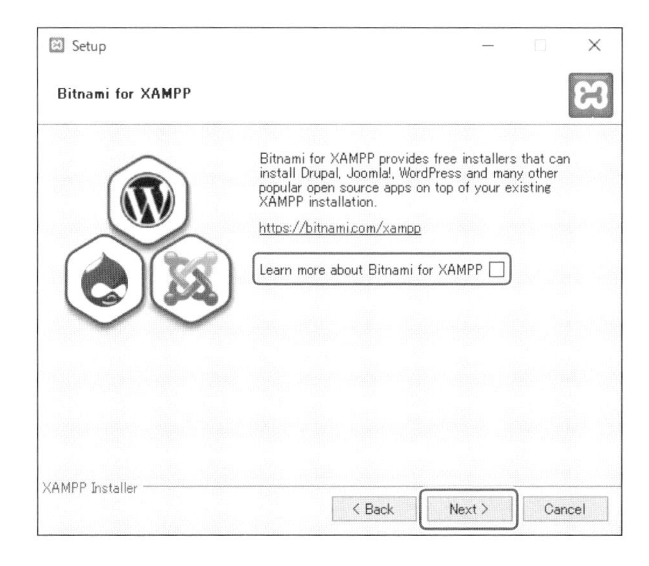

Ready to Installの画面が表示されるので「Next」ボタンをクリックしてインストールを開始します。

インストールにはしばらく時間がかかりますので終了まで待ちます。

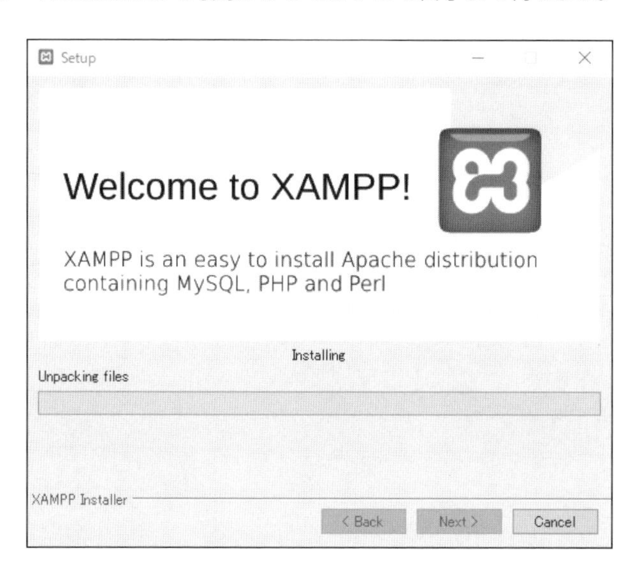

「Completing the XAMPP Setup Wizard」のページが表示されるとインストールは終了です。「Do you want to start the Control Panel now?」にチェックを入れたまま「Finish」ボタンをクリックします。

XAMPPの設定を行う

インストールしたXAMPPの設定を行います。

◆ XAMPPのコントロールパネルを起動する

コントロールパネルの起動時に言語を選択するためのポップアップが表示されます。左側のアメリカ国旗(英語)を選択して「Save」ボタンをクリックします。

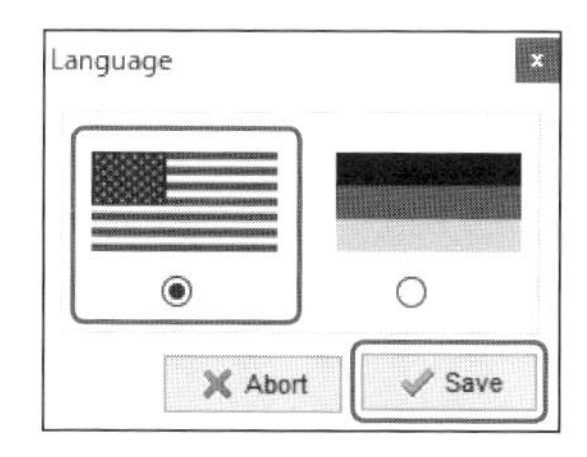

XAMPPのコントロールパネルが表示されました。コントロールパネルからWebサーバーのApacheや、データベースのMySQLの起動や設定ファイルの編集を行うことができます。

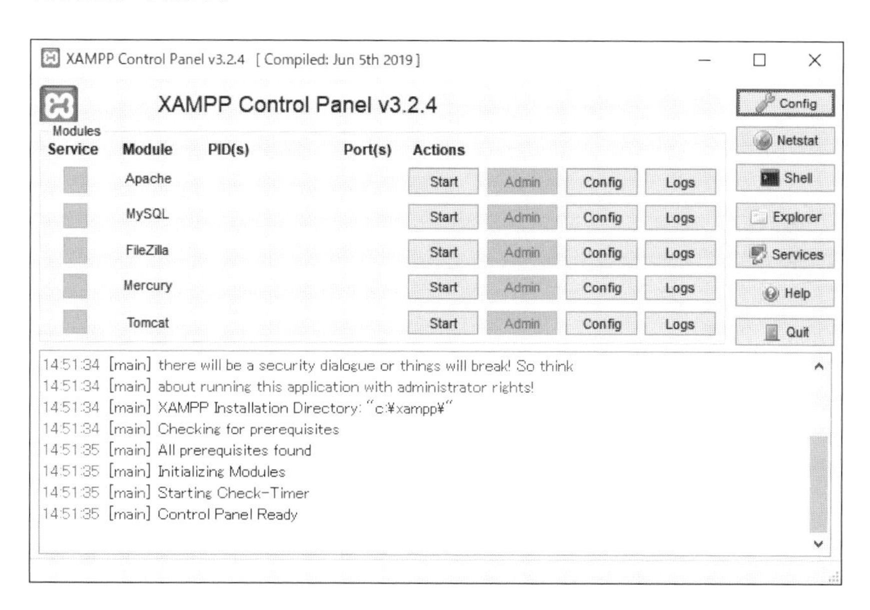

◆ ApacheとMySQLの起動

XAMPPコントロールパネルのApacheとMySQLと書かれた行の「Start」ボタンをクリックします。

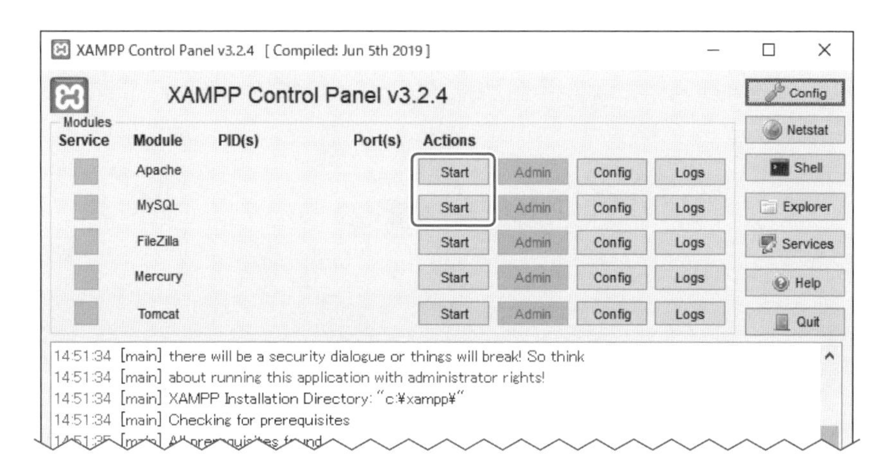

起動に成功すると下図のように「PID」と「Port(s)」の欄に数字が表示されます。

Apacheは80番ポートを利用します。別のアプリケーションが80番ポートを使用しているとApacheの起動に失敗します。Skypeや別のWebサーバーアプリケーションをWindows上で起動していないか確認してみてください。

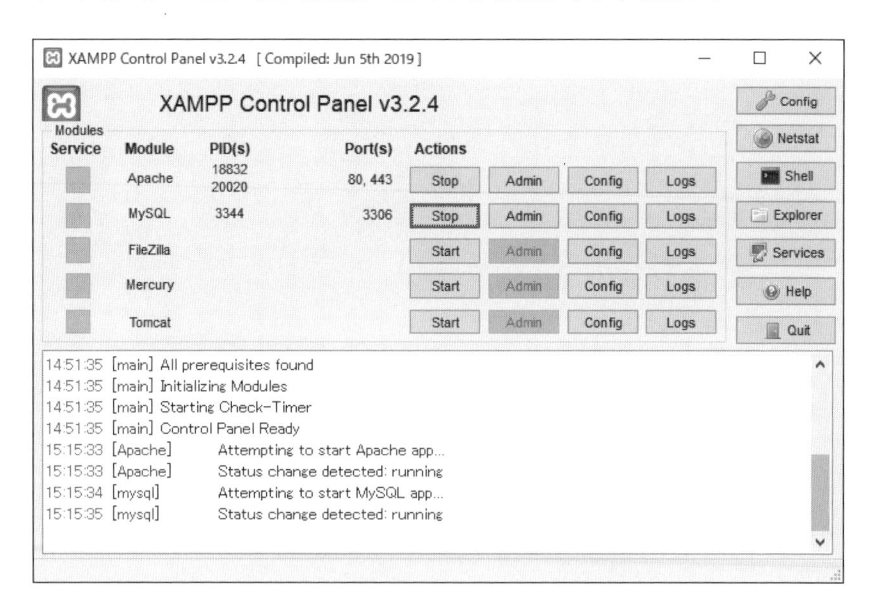

◆データベースの作成

baserCMSで利用するデータベースを作成します。XAMPPをインストールするとMySQLも併せて導入されるので、今回はMySQLを利用します。XAMPPコントロールパネルのMySQLの行にある「Admin」ボタンをクリックします。

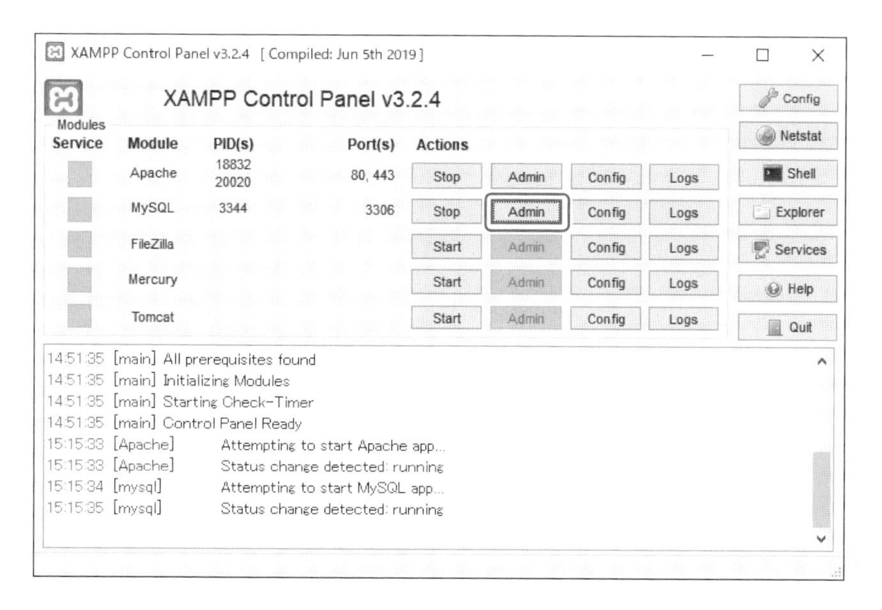

Webブラウザが起動し、phpMyAdminというPHPで動くMySQLの管理用アプリケーションが表示されます。phpMyAdminからデータベースを作成します。

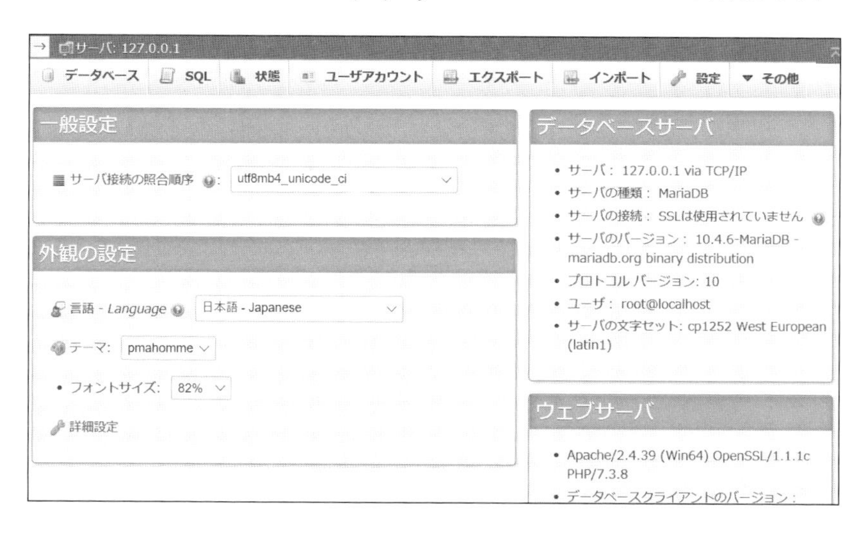

上部のメニューから「データベース」をクリックします。

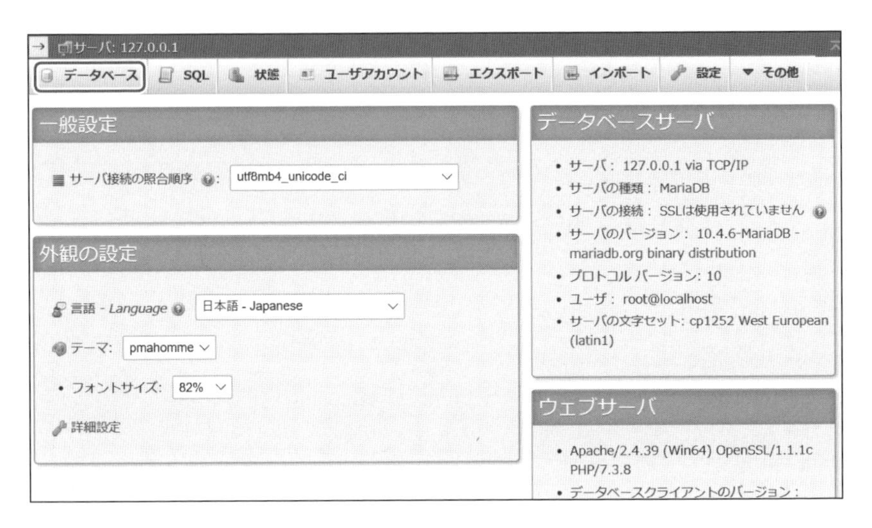

遷移したページの「データベースを作成する」という欄の「データベース名」と右隣りのプルダウンから「照合順序」を次のように指定します。

- データベース名：SampleBaserCms
- 照合順序：utf8mb4_unicode_ci

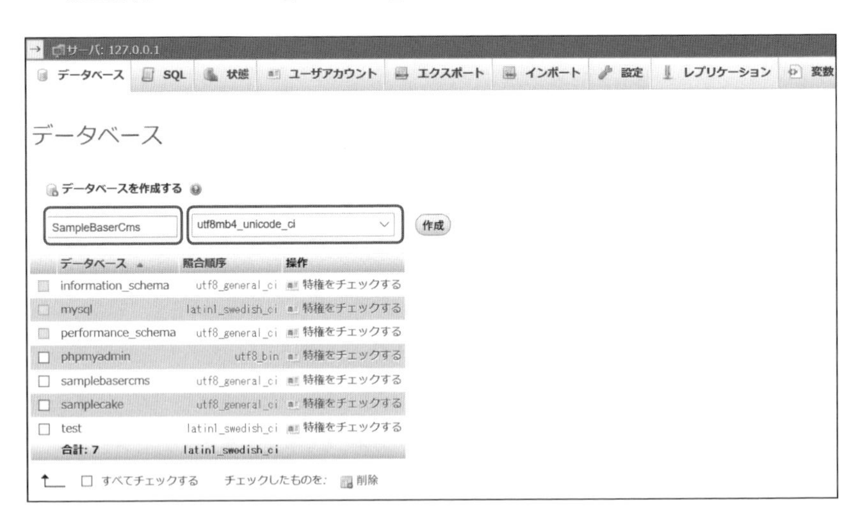

「作成」ボタンをクリックしてデータベースを作成します。これでbaserCMSで利用するデータベースが作成できました。

baserCMSのインストール

続いてbaserCMSを導入します。

◆ baserCMSのダウンロード

公式サイトからbaserCMSをダウンロードします。

- **baserCMSダウンロード**

  URL https://basercms.net/download/index.html

「baserCMS 4.2.3ダウンロード」ボタンをクリックしてbaserCMSをダウンロードします。

なお、本書では執筆時の最新バージョン4.2.3を利用しますが、ダウンロードする時期によって数字の表記は異なる可能性があります。以降、適宜、読み替えてください。

◆baserCMSの配置

ダウンロードしたファイル `basercms-4.2.3.zip` を解凍し、中身を「C:¥xampp¥htdocs」に配置します。

「C:¥xampp¥htdocs」はXAMPPを「C:¥xampp」というパスにインストールした場合です。インストールパスを変更した場合は、インストール先の `htdocs` 以下に配置してください。

`htdocs` には `img` フォルダや `index.php` がすでに配置されているので上書きするか確認を求める場合があります。その場合は上書きを選択してください。

◆baserCMSのインストール｜ステップ1

ファイルを配置後、`http://localhost` にアクセスするとbaserCMSのインストール画面が表示されるので、「インストール開始」ボタンをクリックします。

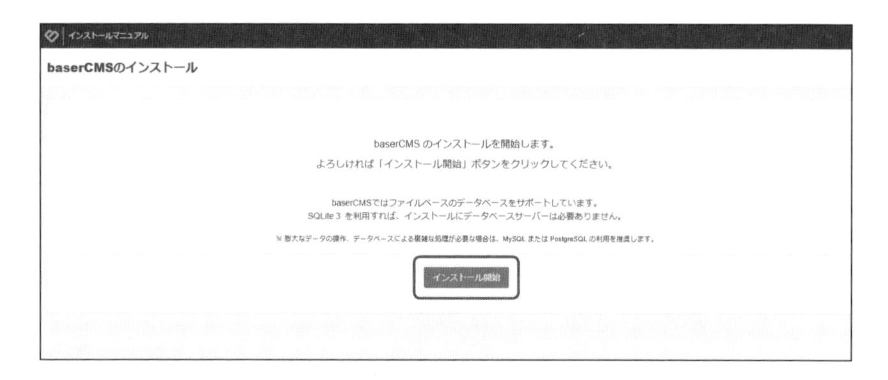

◆baserCMSのインストール｜ステップ2

baserCMSの動作に必要な条件を満たしているかのチェック結果が表示されます。本書のバージョンのXAMPPとbaserCMSを利用した場合、すべて条件を満たしているので解決の必要はありませんが、赤い項目が表示された場合は内容に合わせて修正を行う必要があります。

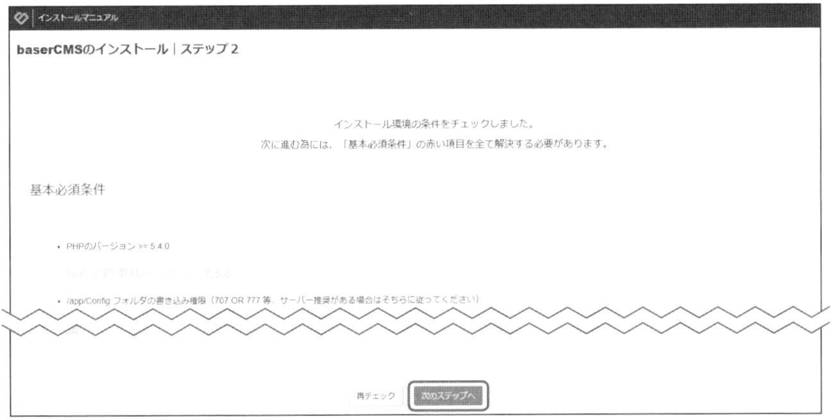

問題がなければページ最下部の「次のステップ」ボタンをクリックします。

◆baserCMSのインストール｜ステップ3

データベースの設定を行います。データベース設定欄の次の項目を変更します。

- ログイン情報（ユーザー名）：root
- データベース情報（データベース名）：SampleBaserCms
- 管理システムテーマ：admin-third（ベータ版）

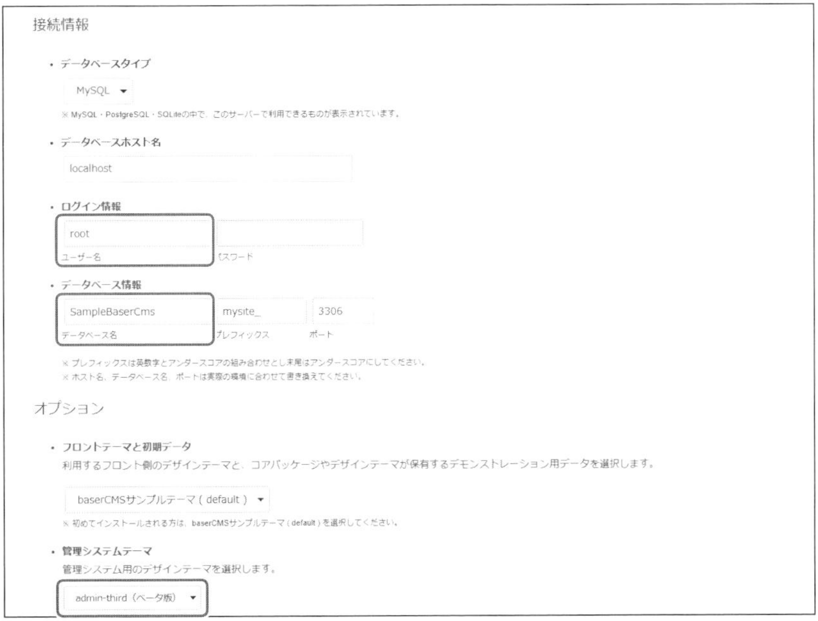

変更終了後「接続テスト」ボタンをクリックします。

「データベースへの接続に成功しました。」と表示されたら、ページ下部の「次のステップへ」ボタンをクリックしてください。表示されない場合は、入力した項目に誤りがないか確認してみてください。

COLUMN オプションのテーマについて

本書では管理システムテーマを最新の「admin-third」を利用する前提で解説します。執筆時点ではベータ版ですが、管理サイトのデザインは6カ月で正式版になることが予定されています。本書の発売時点では正式版となり項目のデフォルト値も変更されている可能性があります。

オプション項目のフロント側のデザインテーマと管理システムテーマはインストール後に変更することもできます。

◆ baserCMSのインストール｜ステップ4

管理ユーザーを作成します。「Eメールアドレス」「管理者アカウント名」「パスワード」を設定し、「完了」ボタンをクリックします。

- Eメールアドレス：（任意のメールアドレス）
- 管理者アカウント名：admin
- パスワード：adminpassword

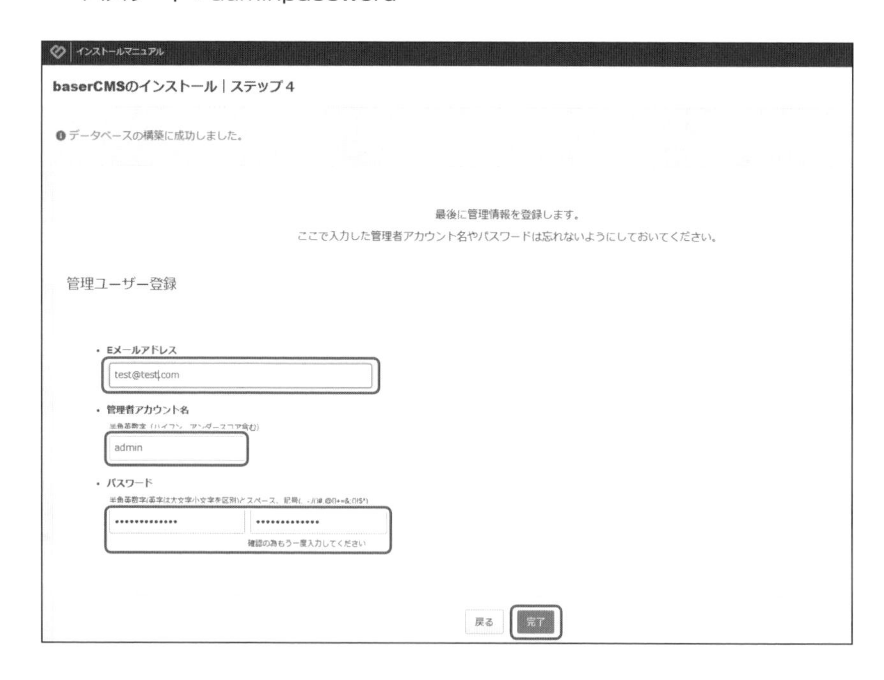

「baserCMSのインストール完了！」と表示されたならインストールは成功です。

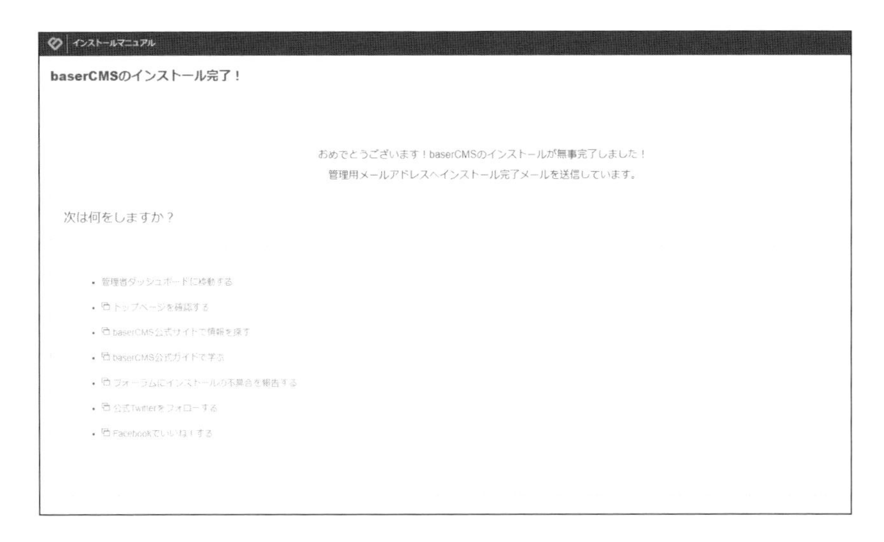

「管理者ダッシュボードに移動する」をクリックすれば、管理サイトが確認できます。「トップページを確認する」をクリックすれば、ユーザーが閲覧するサイトを確認することができます。

`htdocs` にインストールした場合の管理者ダッシュボードおよびトップページのURLは次のようになります。

- **管理者ダッシュボード（htdocs以下にインストールした場合）**

  URL http://localhost/admin/dashboard/

- **トップページ**

  URL http://localhost/

Linux環境にインストールする

Linux環境にbaserCMSをインストールする方法について解説します。

本書では次の環境にインストールを行います（バージョンなどはbaserCMSの要件を満たしていれば同じにする必要はありません）。

- CentOS：7.6.1810
- Apache：2.4.6
- MySQL：5.6.33
- PHP：7.1.32（必須PHPモジュールを確認してGDやcURLを導入してください）
- git：1.8.3.1（ファイルをCloneしない場合は不要です）

以降の説明はMySQLやLinuxの知識があるものとして簡単に進めます。

データベースの作成

MySQLにログイン後、データベースを作成します。

```
mysql> CREATE DATABASE SampleBaserCms DEFAULT CHARACTER SET utf8;
```

baserCMSのチェックアウト

`/var/www` ディレクトリに移動してbaserCMSをGitHubからチェックアウトします。 `/var/www/html` がドキュメントルートと想定して解説します。ディレクトリの書き込み権限・編集権限を持つユーザーで次のコマンドを実行します。

```
$ git clone https://github.com/baserproject/basercms.git -b basercms-4.2.3 html
```

バージョン4.2.3を取得しましたが、その時点の最新版のタグを確認してダウンロードしてください。

baserCMSのインストール

ブラウザで `http://{サーバードメイン}/` を開き、「インストール開始」ボタンをクリックします。

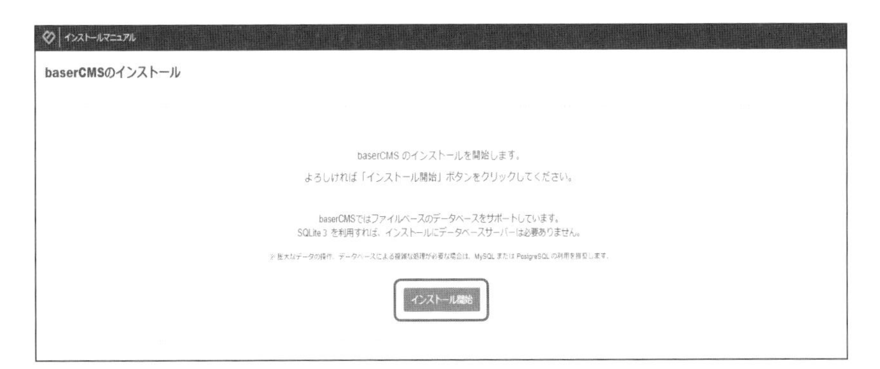

「baserCMSのインストール | ステップ2」ページに遷移し、インストール環境の条件をチェックで赤字で表示されている項目を修正します。

インストールマニュアル

baserCMSのインストール | ステップ 2

インストール環境の条件をチェックしました。
次に進む為には、「基本必須条件」の赤い項目を全て解決する必要があります。

基本必須条件

- PHPのバージョン >= 5.4.0
- /app/Config フォルダの書き込み権限（707 OR 777 等、サーバー推奨がある場合はそちらに従ってください）
  書き込み不可
  /app/Config フォルダに書き込み権限が必要です
- /app/Plugin フォルダの書き込み権限（707 OR 777 等、サーバー推奨がある場合はそちらに従ってください）
  書き込み不可
  /app/Plugin フォルダに書き込み権限が必要です
- /app/tmp フォルダの書き込み権限（707 OR 777 等、サーバー推奨がある場合はそちらに従ってください）
  書き込み不可
  /app/tmp フォルダに書き込み権限が必要です。

本書の構成ではディレクトリのいくつかに権限を付与する必要がありました。権限を707に変更したディレクトリは次の通りです。

- app/Config/
- app/Plugin/
- app/tmp/
- app/View/Pages/

- app/webroot/files/
- app/webroot/theme/
- app/webroot/img/
- app/webroot/css/
- app/webroot/js/

修正後、ページ下部の「再チェック」ボタンをクリックして赤字が消えることを確認します。データベースにMySQLを利用する場合、SQLiteに関しての修正は必要ありません。

チェックが完了し次のステップに進めるようになると下部に「次のステップへ」ボタンが表示されます。

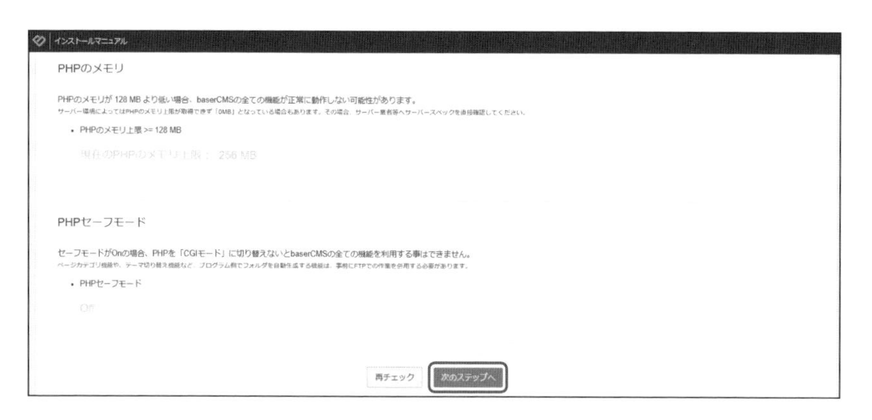

データベースの設定を行います。MySQLを利用し、データベースサーバーのホスト名がdbserver、ユーザー名が「root」、パスワードが「pass」の場合、次のように項目を設定します。なお、本書では余計な説明を省くために、ユーザー名に「root」、パスワードを簡単なアルファベットで記載していますが、実際に運用する際は複雑なものを利用してください。

- データベースタイプ：MySQL
- データベースホスト名：dbserver
- ログイン情報-ユーザー名：root
- ログイン情報-パスワード：pass
- データベース情報：SampleBaserCms
- 管理システムテーマ：admin-third（この項目はインストール後でも変更可能）

インストールマニュアル

baserCMSのインストール | ステップ3

データベースサーバーの場合は、データベースの接続情報を入力し接続テストを実行してください。
MySQL / PostgreSQLの場合は、データベースが存在し初期化されている必要があります。
既に用意したデータベースにデータが存在する場合は、初期データで上書きされてしまうので注意してください。
プレフィックスを活用しましょう。

データベース設定

接続情報

- データベースタイプ
  MySQL
- データベースホスト名
  dbserver
- ログイン情報
  root ••••
  ユーザー名 パスワード
- データベース情報
  SampleBaserCms mysite_ 3306
  データベース名 プレフィックス ポート

オプション

- フロントテーマと初期データ
  利用するフロント側のデザインテーマと、コアパッケージやデザインテーマが保有するデモンストレーション用データを選択します。
  baserCMSサンプルテーマ (default)
- 管理システムテーマ
  管理システム用のデザインテーマを選択します。
  admin-third（ベータ版）

入力後、ページ下部の「接続テスト」をクリックして、データベースに接続できることを確認します。接続に成功すると「次のステップへ」ボタンが表示されるのでクリックして進みます。

管理者情報を登録します。管理者用のメールが「test@testmail.com」、アカウント名が「admin」、パスワードが「adminpassword」の場合、次のように項目を設定します。

- Eメールアドレス：test@testmail.com
- 管理者アカウント名：admin
- パスワード：adminpassword

ページ下部の「完了」ボタンをクリックします。「baserCMSのインストール完了！」ページが表示されればインストールは成功です。

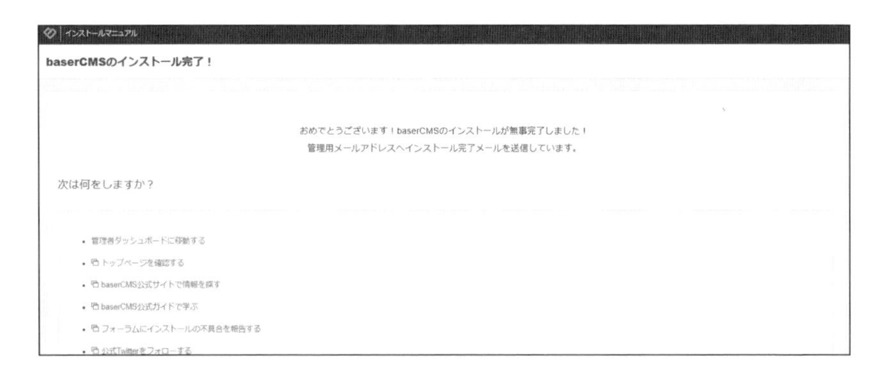

「管理者ダッシュボードに移動する」リンクや「トップページを確認する」リンクをクリックしてサイトが表示されることを確認してください。

フロントサイトと管理サイト

ここではbaserCMSの閲覧者がアクセスするフロントサイトの初期構成について解説します。

フロントサイト

「フロントサイト」とはサイトのトップページや新着情報、ブログ記事、お問い合わせといったサイトを閲覧するページです。簡単に「フロント」といったり、利用者(ユーザー)を指してユーザーサイトということもあります。

その逆で、サイトを運用する側が新規にフロントのページを作成したり、ブログ記事を書いたりする側を「管理サイト」といいます。

本項ではユーザーが閲覧するフロントサイトの初期ページについて解説します。

baserCMSではページやブログを管理サイトから追加・削除することができます。

管理サイト

フロントサイトとは異なり、サイトを運用する側の管理者が操作を行うのが管理サイトです。管理サイトを利用するには管理者用のアカウントでログインする必要があります。

管理サイトでは、新しいページの作成、ブログの更新などサイト運用に関するさまざまな操作を行うことができます。

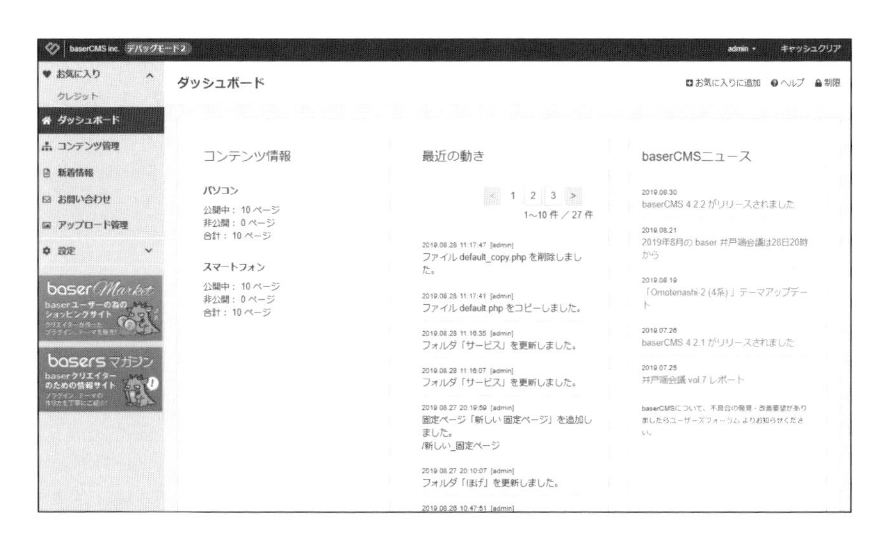

SECTION 07 フロントサイトの概要

インストール直後のフロントサイトにはbaserCMSで作成できる基本的なコンテンツである「ページ」「ブログ」「メールフォーム」がすべて含まれています。

「トップページ」や「会社案内」は「ページ」機能で個別のページとして作成されています。

「新着情報」は「ブログ」機能を利用して、ブログの投稿としてカテゴリや投稿日別にアーカイブされます。

「お問い合わせ」は「メールフォーム」機能を利用した、ユーザーが入力できるフォームを備えており、フォームから送信した内容は、管理者がメールや管理サイトから確認できるようになっています。

以降、baserCMSのページ機能は固定ページと表記します。これは一般名詞のページと混同しないためです。

▼個別に作成できる固定ページ

baserCMS

トップページ 新着情報 サービス サンプル 会社案内 お問い合わせ

会社案内

会社データ

会社名	コンテストサンプル
設立	2015年6月
所在地	住所が入ります。住所が入ります。住所が入ります。
事業内容	事業内容1が入ります。 事業内容2が入ります。 事業内容3が入ります。

アクセスマップ

Googleマップを利用するには、Google Maps APIのキーの登録が必要です。キーを取得して、システム管理より設定してください。

サイト内検索

カテゴリ

指定しない

キーワード

検索

リンク

baserCMS

この部分は、ウィジェットエリア管理より編集できます。

▼カテゴリなどでアーカイブされるブログ

▼入力可能なメールフォーム

トップページ

トップページは多くのユーザーが最初に訪れるページです。

トップページはbaserCMSのページとして作成されています。固定ページはヘッダー、フッター、メインコンテンツなど、いくつかのパーツに分かれています。なお、「ページ」はbaserCMSの機能名ですが、一般名詞と混同するので本書では「固定ページ」と表記します。

◆ヘッダー

トップページ上部のロゴが表示されている部分です。

◆グローバルメニュー

ヘッダーの下にあるメニューバーです。

◆メイン画像

スライドショーで切り替わる画像です。デフォルトのテーマでメイン画像は固定ページでもトップページにのみ表示されます。

◆ メインコンテンツ

固定ページ固有のコンテンツです。新着情報とbaserCMSの公式の新着情報が表示されています。

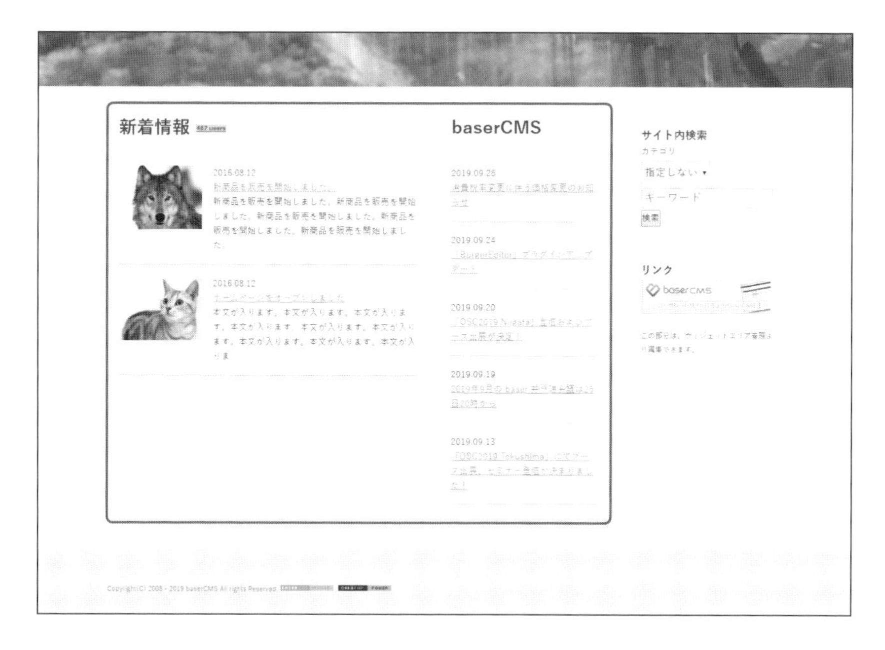

◆ ウィジェットエリア

メインコンテンツの右に表示されている複数のウィジェットを組み合わせたエリアです。

ウィジェットエリアでは複数のパーツ（ウィジェットといいます）を自由に組み合わせて表示することができます。デフォルトのトップページにはサイト内検索と公式サイトへのリンクが表示されています。

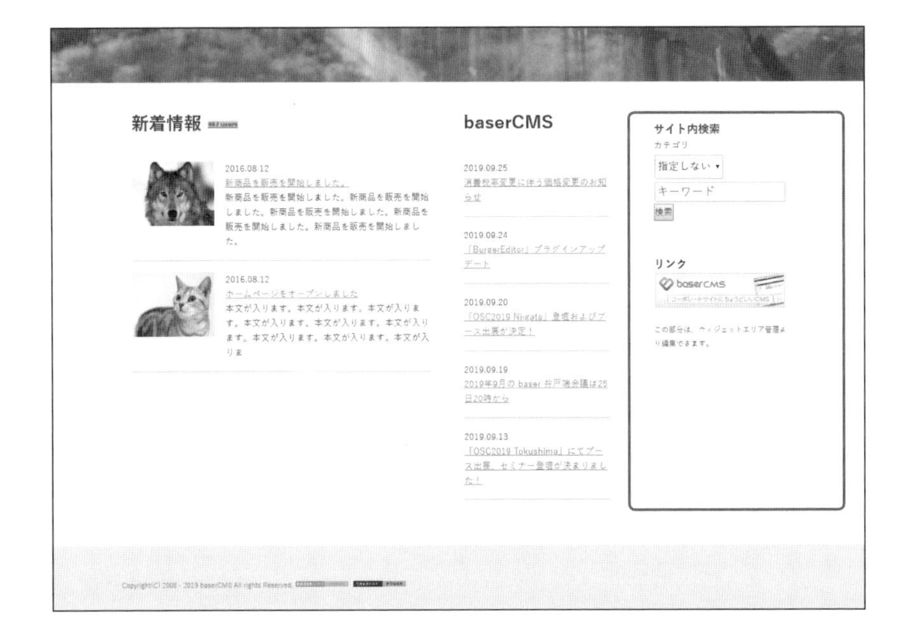

◆ フッター

ページ下部に表示されるエリアです。

サービス

サービスは複数の固定ページを1つのフォルダにまとめた構成です。

フォルダは複数のコンテンツを1つまとめる仕組みで、グローバルメニューではマウスオーバーすることで含まれるコンテンツが表示されます。

下図の「サービス」の下に表示されている「サービス1」「サービス2」「サービス3」のリンクが「サービス」フォルダに含まれるコンテンツです。

トップページ　新着情報　サービス　サンプル　会社案内　お問い合わせ

ホーム > サービス > サービス3

サービス1

サービス2

サービス3

サービス3

http://{baserCMSのルートパス}/service/ にアクセスするとフォルダに含まれるページが表示されます。

http://{baserCMSのルートパス}/service/service1 でアクセスできる「サービス1」ページは固定ページとして作成されています。

固定ページの構成は同じ固定ページとして作成されているトップページで解説しましたが、トップページのみ表示を行う、またはトップページのみ表示しないものがありますので、それらについて追加で説明します。

◆トップページのみ表示するもの

スライドショー表示するメイン画像はトップページのみ表示されます。

◆パンくずナビ

サイトのコンテンツを階層構造で表現したパンくずナビゲーションです。

◆コンテンツナビ

次のコンテンツへのリンクです。サービスフォルダに含まれる次のコンテンツや前のコンテンツに遷移するためのリンクが表示されています。

◆ローカルナビゲーション

同じフォルダ内に配置されたコンテンツが複数ある場合、一覧が表示されます。サービスフォルダ以下には固定ページしかありませんが、ブログやメールフォームも表示されます。

会社案内

`http://{baserCMSのルートパス}/about/` にアクセスすることで表示されるページです。

会社案内もすでに説明した固定ページ機能で作成されていますが、管理ページでGoogle MapのAPIキーを設定することでGoogle Mapを利用した地図を表示することができる機能を利用しています。

新着情報

`http://{baserCMSのルートパス}/news/` にアクセスすることで表示されるページです。新着情報はブログ機能を利用して作成されています。

ブログページでは投稿された記事を一覧表示したり、月別やカテゴリで分類することができます。

◆記事一覧

http://{baserCMSのルートパス}/news/ にアクセスした際に表示される記事の一覧です。

◆アーカイブ

アーカイブは `http://{baserCMSのルートパス}/news/archives/*` にアクセスした際に表示されるページです。 `*` の部分によって表示される情報が異なります。

`news/archives/1` のように `*` の部分が数字の場合は該当するIDの記事を表示します。

`news/archives/author/admin` のように `*` の部分が `/author/{投稿者名}` の場合はその投稿者が投稿した記事の一覧を表示します。

news/archives/category/release のように * の部分が /category/{**カテゴリ名**} の場合は指定したカテゴリー覧を表示します。

`news/archives/date/2019` のように `*` の部分が `/date/{年数}` の場合はその年の投稿一覧を表示します。

`news/archives/date/2019/09` のように `*` の部分が `/date/{年数}/{月数}` の場合はその年の該当月の投稿一覧を表示します。

◆ ウィジェットエリア

トップページの右側にも表示していたウィジェットエリアです。

デフォルトのテーマではブログ用のウィジェットエリアが別に用意されており、表示している項目も異なります。ブログ用のウィジェットエリアには「カテゴリー一覧」や「最近の投稿」、「月別アーカイブ一覧」などが表示されています。

サンプル

http://{baserCMSのルートパス}/sample/ にアクセスした際に表示されるサンプルページは固定ページですが、見出しや連番リストなどのページ作成時によく使うタグの例が記載されています。

お問い合わせ

http://{baserCMSのルートパス}/contact/ にアクセスした際に表示されるお問い合わせページはメールフォーム機能で作成されています。サイト閲覧者から問い合わせを管理者に送信できるページです。

◆メールフォーム

テキスト入力やプルダウン、チェックボックスなどを組み合わせたメールフォームが表示されています。入力項目は管理サイトからカスタマイズすることができます。

管理サイトの概要

管理サイトからはサイト全体の設定、新規の固定ページ作成、ブログの投稿などサイトのさまざまな操作を行うことができます。管理サイトはサイトの運用者が利用するページで管理者アカウントによるサインインが必要です。

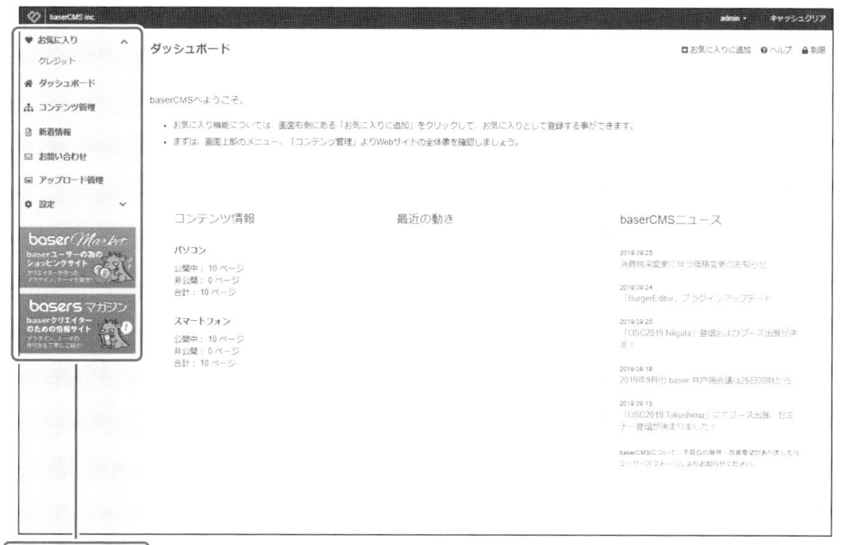

本書では管理テーマにadmin-thirdを利用した画面で解説します。執筆時点でadmin-thirdはベータ版ですが、2019年12月に正式版になり、今後はadmin-thirdテーマでの運用がメインになると考えられるためです。

管理ページの機能は左側のナビゲーションから利用することができます。

ダッシュボード

　ダッシュボードは管理サイトログイン時に表示されるページです。コンテンツの情報や、最近追加したページやブログ記事などの一覧が表示されています。

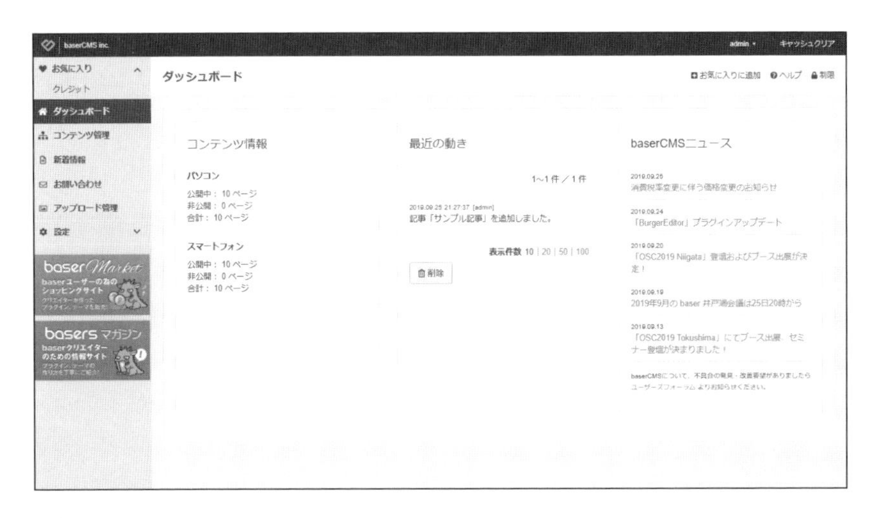

コンテンツ管理

　コンテンツ管理ではフロントサイトの固定ページや、メールフォーム、ブログなどのコンテンツの編集・追加・削除などを行うことができます。

新着情報

新着情報は、初期状態からコンテンツとして追加されている「新着情報」ブログに関する記事の追加、編集やカテゴリ追加などの作業を行うことができます。

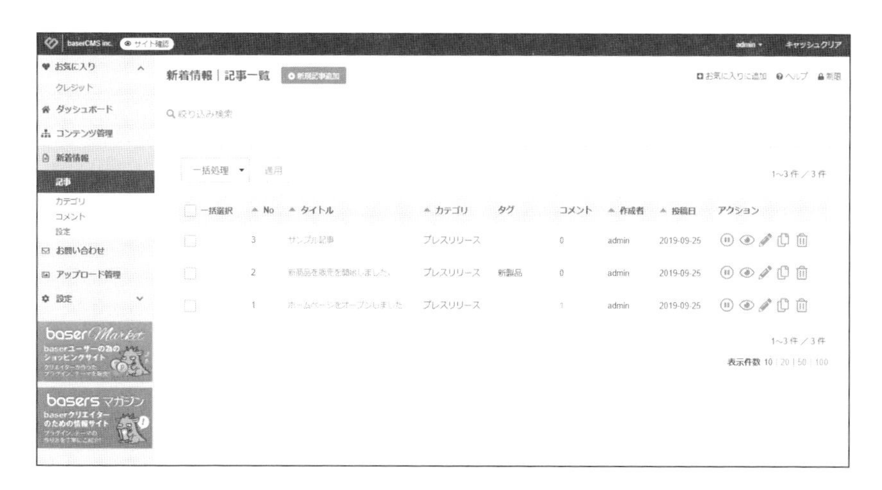

新しくブログを追加した場合も新着情報と同様に左側のナビゲーションに表示されます。

お問い合わせ

お問い合わせは、初期状態からコンテンツとして追加されている「お問い合わせ」メールフォームのフィールドの編集や、送られてきた問い合わせの内容を確認することができます。

アップロード管理

アップロード管理からサイトにファイルをアップロードすることができます。

アップロードした画像は固定ページやブログ記事に挿入することができます。

アップロードされたファイルは `files/uploads/` フォルダ以下に配置されますが、データベースにも情報が書き込まれるので、削除や編集は管理サイトから行ってください。

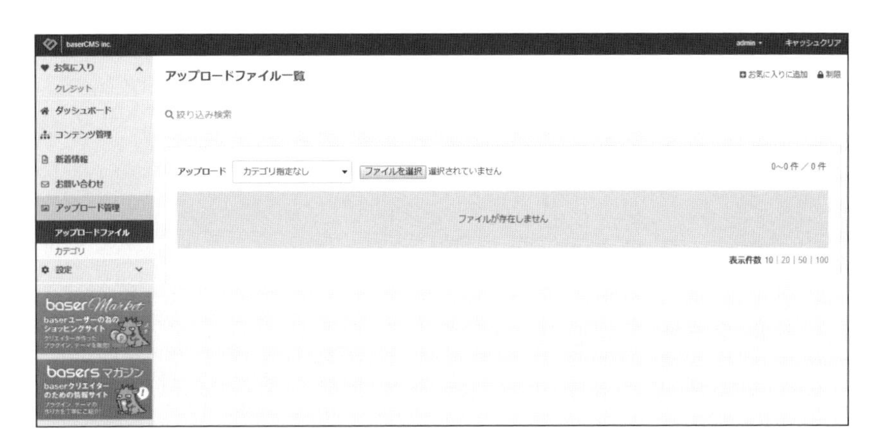

設定──サイト基本設定

「設定」を展開するとその下にさらにメニューが表示されます。サイト基本設定からはWEBサイト名や、サイト基本説明文などサイトに必要な情報を登録します。メンテナンスの設定や開発モードなどもここで変更できます。

「設定」を展開した状態

サイト基本設定では次の設定を行います。

◆ 基本項目

基本項目では、WEBサイト名やサイトの説明文、管理者メールアドレスなどを設定します。

公開状態をメンテナンス中に変更すれば、サイトをメンテナンス表示にできます。開発モードではエラー時のエラー内容表示や、SQLクエリのログなどを表示できます。

◆ 管理画面設定

管理画面設定では、管理画面に関する設定を行います。管理画面でSSLを利用するかどうか、管理画面のテーマなどを変更するとこができます。

◆ 外部サービス設定

外部サービス設定では、Google Mapを利用する場合のキーや、Google Analyticsを利用するためのトラッキングIDを登録できます。

◆ サブサイト設定

サブサイト設定では、サブサイトを利用する際の設定を行います。スマートフォンなどのデバイスで表示を切り替えるか、言語によって表示を切り替えるかの設定が行えます。

◆ エディタ設定

エディタ設定では、固定ページやブログ記事編集エリアでエディタを利用するかの設定を行います。デフォルトではCKEditorを利用しますが、なしに設定するとHTMLを直接編集するモードになります。

◆ メール設定

メール設定では、メールに関する設定を行います。文字コードやメールサーバーの接続情報を設定できます。

設定──ユーザー管理

ユーザー管理では管理サイトを使用するユーザーのアカウントの作成や、グループを作成することができます。

グループにはそのグループに所属するユーザーがアクセスできるページの設定などの制限を付けることができます。たとえば、ブログ記事作成者は新着情報にアクセスできるがシステム管理は利用できないというような制限が可能です。

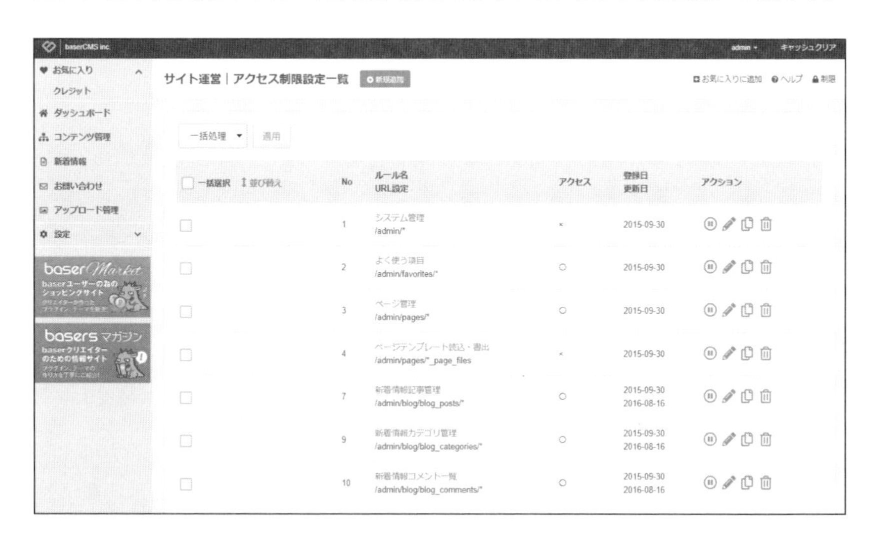

設定──サブサイト管理

サブサイト管理ではサブサイトの設定を行うことができます。

初期状態ではスマートフォン表示用のサブサイトが有効になっています。サブサイトはPC、スマートフォンなどのデバイスや、日本語、英語という言語などを条件に表示を分けることができます。

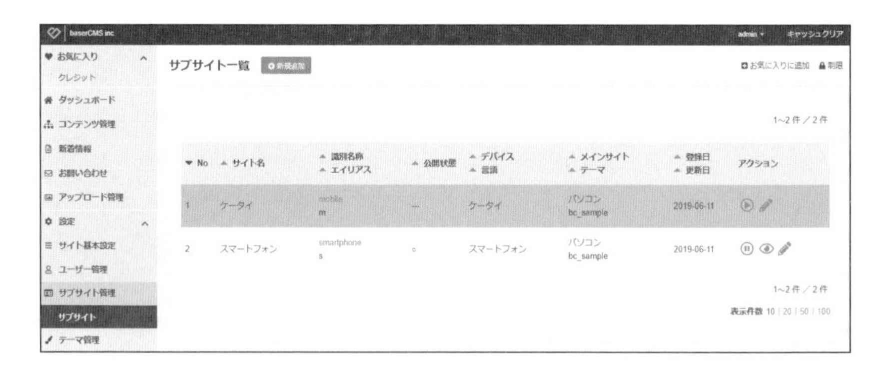

設定――テーマ管理

テーマ管理からはサイトの見た目を定義するテーマの切り替えや、baserマーケットからのテーマのダウンロードを行うことができます。

▼サイトのテーマを切り替える

▼baserマーケットから新しいテーマをダウンロードする

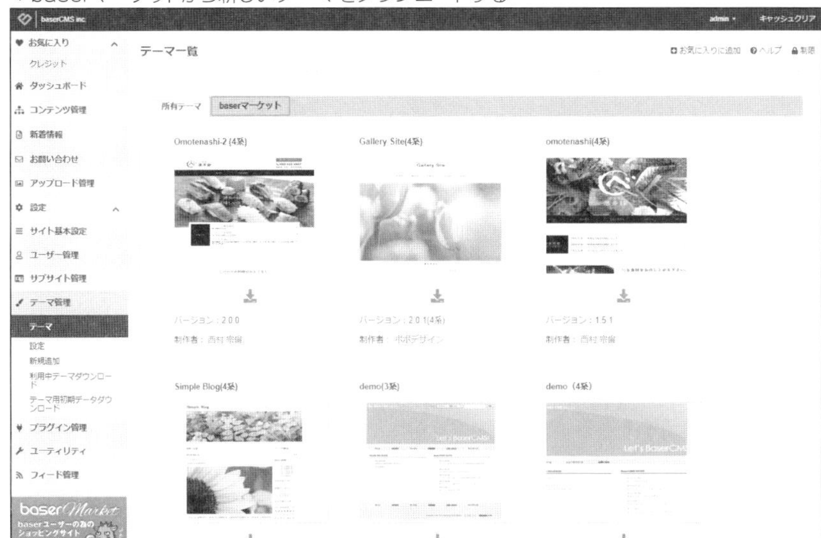

設定――プラグイン管理

プラグイン管理ではプラグインの有効化や設定、baserマーケットからのプラグイン導入を行うことができます。

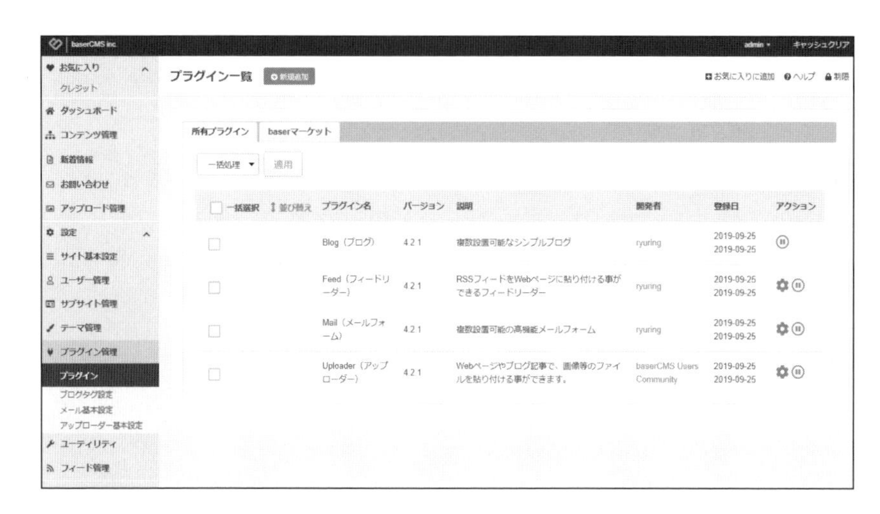

設定――ユーティリティ

ユーティリティからはウィジェットエリアの編集や、環境情報の確認、サイトのエラーログのダウンロードなどを行うことができます。

設定──フィード管理

フィード管理からはRSSフィードの設定を行うことができます。

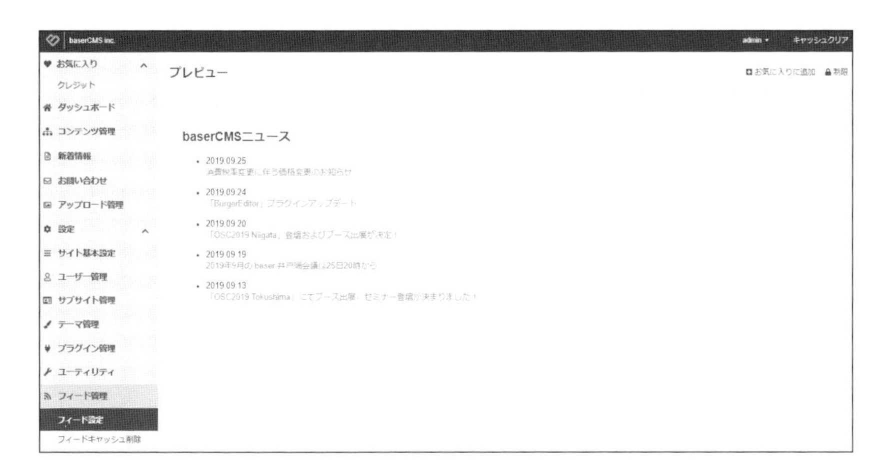

お気に入り

お気に入りではお気に入りに登録したページを素早く利用することができます。お気に入りに登録したページは下図のように左側のナビゲーションのお気に入りを展開したエリアに一覧で表示されます。

baserCMSの利用方法などは公式の下記のURLを参考にしてください。

- **baserCMSユーザーマニュアル**

URL http://doc.basercms.net/

使い方の事例

それではbaserCMSの管理サイトを操作しながら、baserCMSを体験してみましょう。

サイトの基本設定を行う

サイト名などのサイトの基本設定を行います。

サイトの基本設定は管理サイトの左ナビゲーションから「設定」→「サイト基本設定」から編集します。設定後にページ下部の「保存」ボタンで変更を保存します。

基本設定の設定項目のいくつかを解説します。

◆基本設定

サイト名や説明文など、サイトの情報を入力します。

- WEBサイト名

WEBサイトの正式名を指定します。メールアドレスの送信元名などに利用します。

- WEBサイトタイトル

フロントサイトのタイトルなどに利用されます。

- サイト基本キーワード

メタタグのkeywords用の設定です。

- サイト基本説明文

メタタグのdescription用の設定です。

- 管理者メールアドレス

管理者のメールアドレスを指定します。

「お問い合わせ」ページなどメールフォーム機能のデフォルト送信先などに設定されます。

- WebサイトURL

このサイトのURLを設定します。

● 公開状態

サイトをメンテナンス状態か公開状態に設定できます。

● 制作・開発モード

サイトを公開している場合は「ノーマルモード」に指定します。エラー時にシステム情報などが表示されません。

「デバッグモード1」はエラー時にエラーの原因が表示されます。「デバッグモード2」では「モード1」に加えて画面の表示に使用したテンプレートや、変数の出力、データベースへの問い合わせ文などが表示されます。

デバッグモードではキャッシュが利用されません。キャッシュについては下記のページを参照してください。

● キャッシュについて

URL http://wiki.basercms.net/キャッシュについて

● 標準ウィジェット

初期設定のウィジェットエリアを設定します。

◆ 管理画面設定

管理サイトのSSL利用の有無やテーマなど、管理サイトに関する設定を行います。

● 管理画面SSL設定

管理サイトの表示でSSLを利用するかを設定します。

● 管理画面テーマ

管理画面のテーマを指定します。本書ではadmin-thirdを利用している設定で解説しています。

◆ 外部サービス設定

Google MapとGoogle Analyticsを利用するための設定が行えます。

◆ サブサイト設定

サブサイトに関する設定を行います。

● メインサイト表示名称

サブサイトに対するメインサイトの表示名を設定します。

◆エディタ設定

管理サイトのブログ記事を編集するエディタについての設定を行います。

◆メール設定

メールを送信するための設定を行います。

メイン画像を変更する

メイン画像はトップページに表示されているスライドショーを指します。この画像を変更するには管理サイトの「設定」→「テーマ管理」→「設定」をクリックし、表示された「テーマ設定」から値を変更します。

「メインイメージ1」から「メインイメージ5」の画像を変更します。

メインイメージ1
ファイルを選択 選択されていません
コーポレートサイトにちょうどいい国産CMS [説明文]
/ [リンク先URL]

メインイメージ2
ファイルを選択 選択されていません
全て日本語の国産CMSだから、設置も更新も簡単、わかりやすい。 [説明文]
/ [リンク先URL]

メインイメージ3
ファイルを選択 選択されていません
標準的なWebサイトに必要な基本機能を全て装備 [説明文]

「テーマ設定」からはロゴやテーマカラーを変更することもできます。

COLUMN 管理サイトから行えるデザイン変更について

メイン画像の変更を含めた、管理サイトから行えるデザインの変更は、初期テーマなどbaserCMSの作法に従っているテーマであれば管理サイトから変更を行える可能性が高いです。しかし、自サイト独自のテーマを作成した場合などは必ずしも同様の操作で変更できない可能性があります。

テーマを作成する際に「管理ページからデザインの変更を行うことはない」という前提があればbaserCMSの作法に従わないこともあります。サイト作成を依頼した制作会社がbaserCMSの作法に造詣が深くないケースもあります。

管理サイトからメイン画像の差し替えや、ウィジェットエリアの変更など深いHTMLの知識がなくても管理者が行える機能は利用したいというような場合はテーマを制作する担当と同意を得ておくとよいでしょう。

新しい固定ページを作成する

固定ページはサイトに新規に新しいページを追加することができます。固定ページの追加は管理サイトの「コンテンツ管理」から行います。

◆ 固定ページを追加する

コンテンツ管理のコンテンツはコンピューターのフォルダとファイルのように表現されています。最上位に「baserCMS inc.」というフォルダがあります。この名前はサイト基本設定のWEBサイトタイトル項目の値を表示しています。

その下にトップページ、新着情報、お問い合わせなどの各コンテンツがあります。同列に「サービス」というフォルダがあり、その下に「サービス1」などの固定ページがあります。この「サービス」フォルダと「サービス1」などの固定ページの階層関係はフロントサイトのグローバルメニューのポップアップで表現されています。

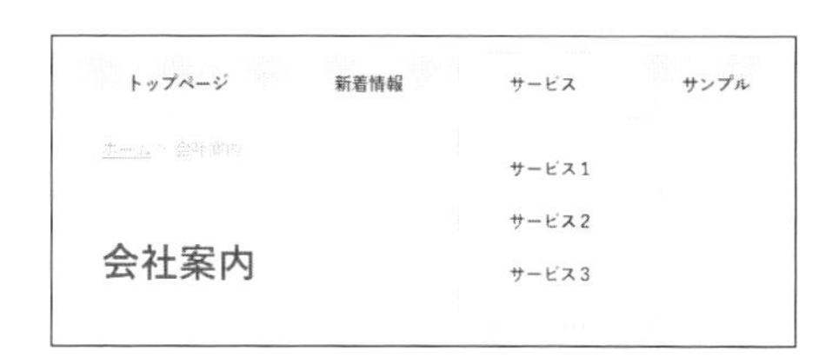

今回は最上位のフォルダの下に固定ページを作成します。

「baserCMS inc.」というフォルダ欄の上でマウスの右クリックをするか、文字の左にある三点リーダー（…）アイコンをクリックし、メニューから「固定ページ」をクリックします。

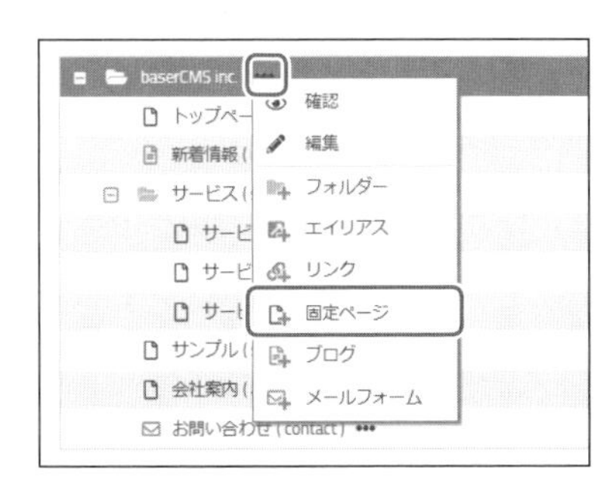

コンテンツ一覧の最下部に「新しい固定ページ」という項目が追加されました。

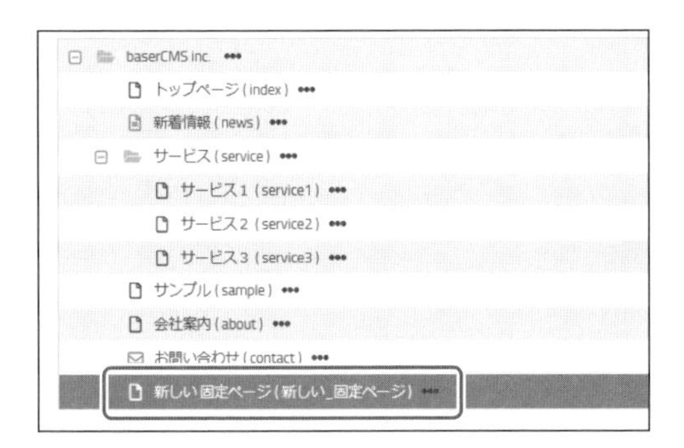

◆固定ページを表示する

この状態ではまだフロントサイトにページは表示されません。

コンテンツ一覧の「新しい固定ページ」の上でマウスを右クリックするか、文字の左にある三点リーダー（…）をクリックし、「編集」をクリックします。

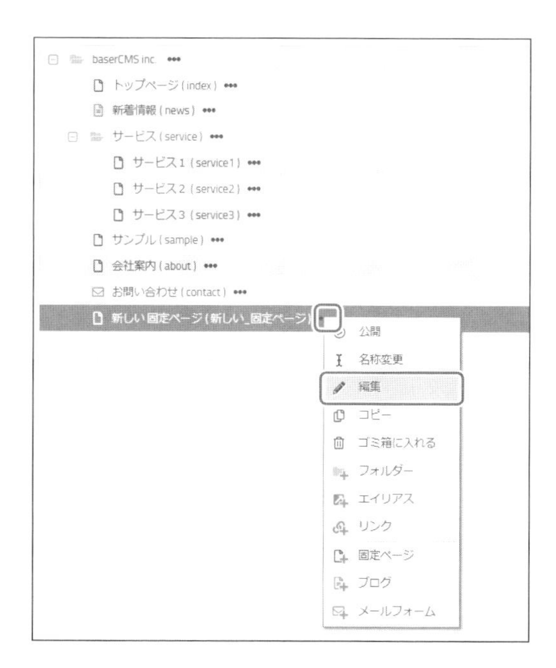

「固定ページ情報編集」ページに遷移するので、「公開状態」項目のチェックを「公開しない」から「公開する」に変更してページ下部の「保存」をクリックします。

◆ページを確認する

フロントサイトを表示してグローバルメニューに「新しい固定ページ」が表示されていることを確認します。すでにフロントサイトを表示していた場合は、別のページに遷移するかページをリロードしてください。

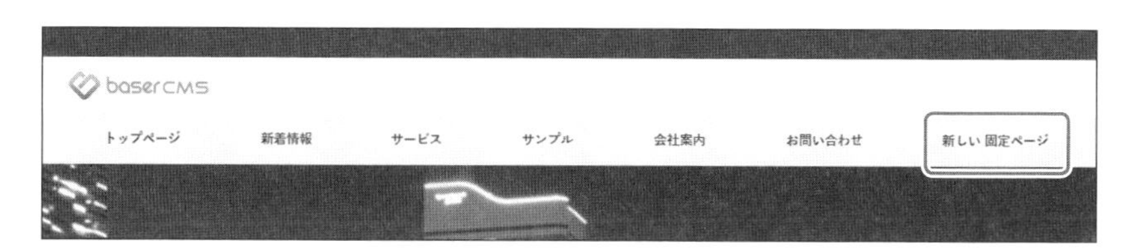

◆固定ページコンテンツを追加する

グローバルメニューから「新しい固定ページ」をクリックすると、何も固定ページコンテンツがないページが表示されます。URLも **`http://{baserCMSのインストールルート}/新しい_固定ページ`** と日本語のURLです。固定ページコンテンツを追加してURLもアルファベットに変更しましょう。

固定ページコンテンツの追加は「固定ページ情報編集」ページから行います。「URL」項目の「新しい_固定ページ」という値を「new_page」に変更します。

「公開日時」項目の下の上部にエディタのついた入力エリアに「新しい固定ページのコンテンツです。」と入力します。

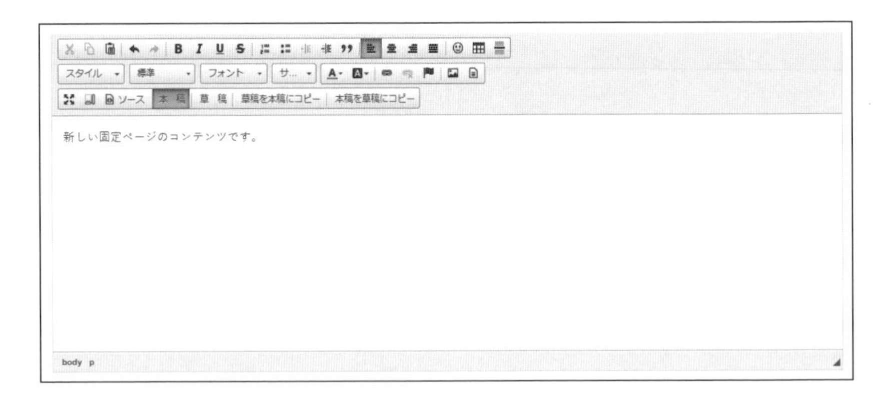

ページ下部の「保存」ボタンをクリックして変更を保存します。

フロントサイトを更新してもう一度グローバルメニューから「新しい固定ページ」を表示します。URLが変更され、コンテンツとして「新しい固定ページのコンテンツです。」と表示されていることが確認できます。

◆ その他項目について

「固定ページ情報編集」ページのその他項目について解説します。

● タイトル

ページのタイトルです。

● 公開日時

ページを公開する期間を設定できます。期間には開始日時と終了日時が指定できます。

● 固定ページテンプレート

固定ページ用のテンプレートです。初期状態では何も記述されていないテンプレートが利用されています。固定ページのコンテンツの前後にタグやプログラミングコードを挟みたい場合は、新規にテンプレートを追加するか、初期テンプレートをカスタマイズする必要があります。

● コード

固定ページの前にコードを挟めます。固定ページテンプレートやコンテンツにコードを記述することで同様のことが実現できますが、コードを利用するとこのページ独自のコードが記述でき、コンテンツの更新で誤って削除される危険が減少します。

● 説明文

ページの説明文です。HTMLのdescriptionとして表示されます。

● アイキャッチ

記事の冒頭などに表示する画像です。アイキャッチの利用の有無はテーマによって異なります。

● 作成者

記事を作成した管理者アカウント名とその日時です。

● レイアウトテンプレート

固定ページを表示するためのレイアウトテンプレートです。固定ページテンプレートとは異なり、ヘッターやフッターを含めたページ全体の構成を定義するテンプレートです。

● その他設定——サイト内検索の検索結果より除外する

サイト内検索からこのページを除外するかどうかの設定です。

● その他設定——公開ページのメニューより除外する

グローバルメニューやコンテンツナビに表示するかどうかの設定です。

● その他設定——メニューのリンクを別ウィンドウ開く

リンクをクリックした際に別ウィンドウで開くかどうかの設定です。

新しいブログを作成する

ブログは1ページを追加する固定ページとは異なり、日付やカテゴリでアーカイブできる複数のページを追加するための機能です。新着情報のように複数のまとまりを持った記事を作成するのに適しています。

◆ ブログを追加する

ブログを追加は管理サイトの「コンテンツ管理」のコンテンツ一覧から行います。「baserCMS inc.」(サイト名によって表示が異なります)というフォルダ欄の上でマウスの右クリックをするか、文字の左にある三点リーダー(…)アイコンをクリックし、メニューから「ブログ」をクリックします。

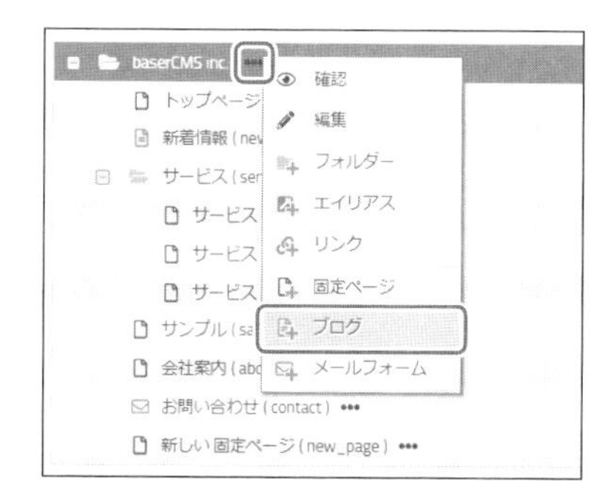

「新しいブログ」というコンテンツが一覧に追加されました。

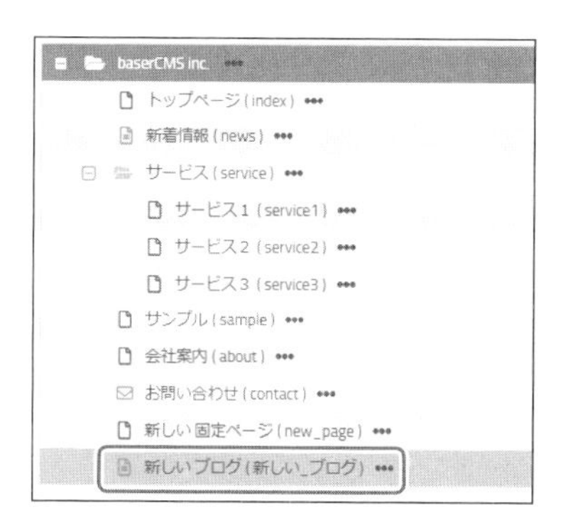

◆ ブログを表示する

この状態ではまだフロントサイトにブログは表示されていません。コンテンツ一覧の「新しいブログ」欄の上でマウスの右クリックをするか、文字の左にある三点リーダー(…)アイコンをクリックし、メニューから「編集」をクリックします。

「ブログ設定編集」ページに遷移します。「公開状態」項目び「公開する」を選択し、ページ下部の「保存」ボタンをクリックします。

フロントサイトを更新し、グローバルメニューに「新しいブログ」が表示されているのを確認します。リンクをクリックすると新しいブログページが表示されますが、まだ何も記事を投稿していないので「記事がありません」と表示されます。

◆ブログ記事を追加する

続いて作成したブログに記事を投稿します。ブログを追加すると管理サイトのナビゲーションにメニューが追加されます。

ナビゲーションから「新しいブログ」をクリックします。「新しい ブログ|記事一覧」ページが表示されるので、上部の「新規記事追加」をクリックします。

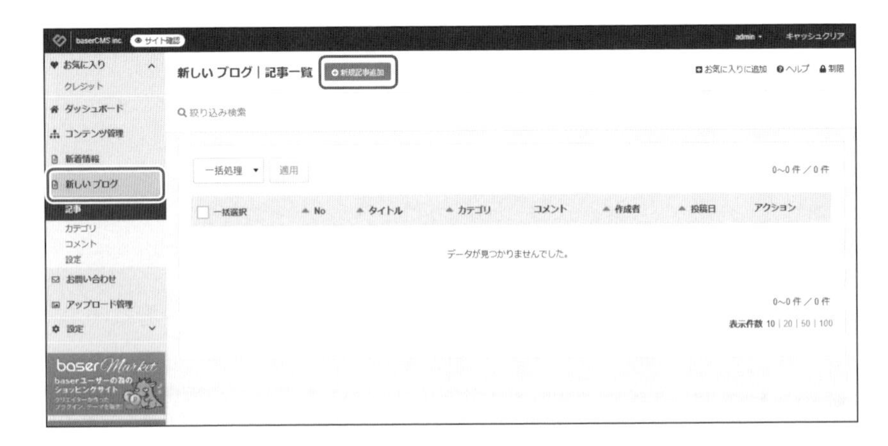

「新しい ブログ|新規記事登録」ページが表示されるので次の項目を変更します。

- タイトル：新しい記事
- 本文：新しい記事の本文です。
- 公開状態：「公開」にチェック

変更後、ページ下部の「保存」をクリックします。

フロントサイトに戻り、グローバルメニューから「新しいブログ」をクリックします。

記事の一覧として「新しい記事」が表示されています。クリックすると記事の詳細ページに遷移します。

◆その他の項目について

管理サイトの左ナビゲーションのブログコンテンツのメニューの項目について簡単に説明します。

● 記事

ブログ記事の一覧が表示されます。上のブログコンテンツ名をクリックした際の同じページです。

● カテゴリ

ブログ記事に付けることができるカテゴリを追加・編集できます。

● コメント

ユーザーからの記事に対するコメントを閲覧・編集できます。

● 設定

ブログコンテンツに対する設定を行います。

新しいメールフォームを作成する

baserCMSでは問い合わせやアンケート用のメールフォームを複数作成することができます。

◆メールフォームを作成する

メールフォームの追加は管理サイトの「コンテンツ管理」から行います。コンテンツ管理の「baserCMS inc.」フォルダ（サイト名によって表示は異なります）欄の上でマウスの右クリックをするか、文字の左にある三点リーダー（…）アイコンをクリックし、メニューから「メールフォーム」をクリックします。

新しいメールフォームというコンテンツが追加されました。

◆メールフォームを表示する

この段階ではまだメールフォームはフロントサイトに表示されていません。メールフォームを表示するには「コンテンツ管理」の「コンテンツ一覧」の「新しいメールフォーム」欄の上でマウスの右クリックをするか、文字の左にある三点リーダー(…)アイコンをクリックし、メニューから「編集」をクリックします。

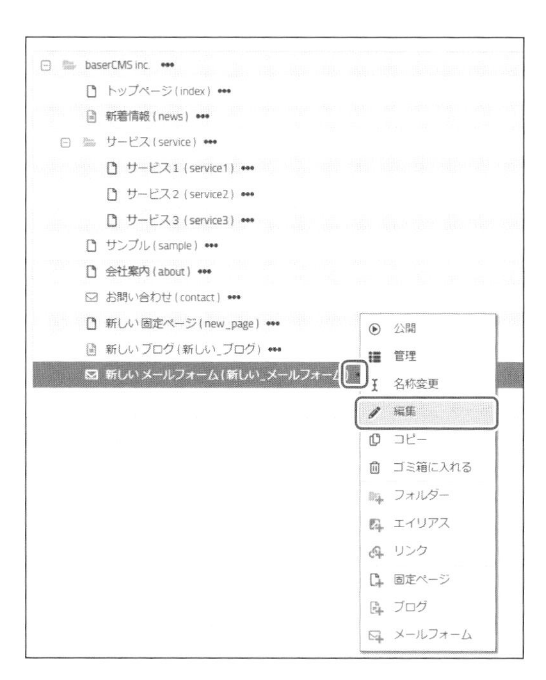

「メールフォーム設定編集」が表示されます。「公開状態」項目を「公開する」に変更してページ下部の「保存」をクリックします。

フロントサイトを更新してグローバルメニューに「新しいメールフォーム」リンクがあることを確認します。

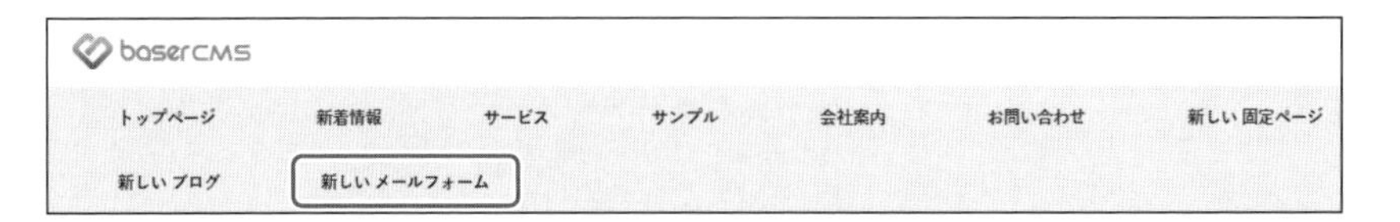

ただし、この状態ではフォームの内容を設定していないのでフィールドを追加します。

◆ フィールドを追加する

フィールドを追加するには管理サイトの左ナビゲーションの「新しいメールフォーム」をクリックし、表示されたメニューから「フィールド」をクリックします。

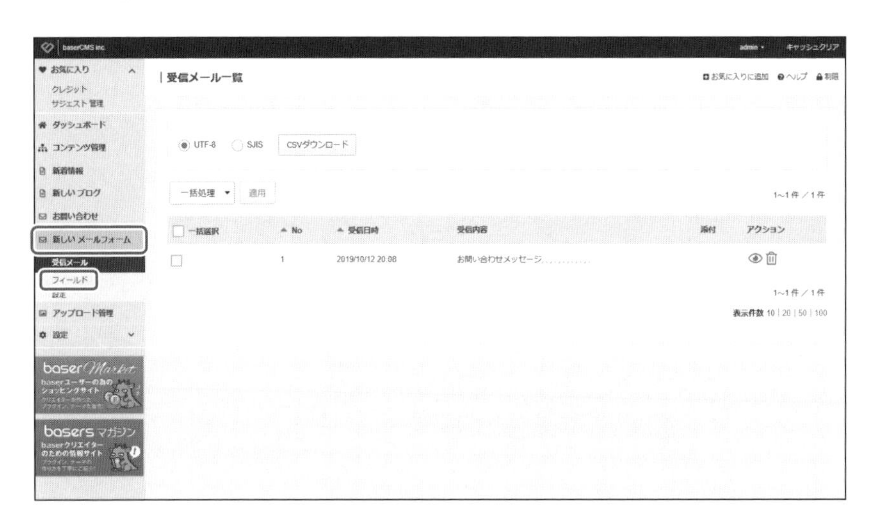

「新しい メールフォーム｜メールフィールド一覧」ページに遷移します。ページ名の右にある「新規フィールド追加」ボタンをクリックします。

「新しい メールフォーム｜新規メールフィールド登録」ページに遷移するので、次の項目を変更します。

- フィールド名：sample_field
- 項目名：サンプルフィールド

変更後、ページ下部の「保存」をクリックします。
保存後にフロントサイトを更新してフォームが表示されることを確認します。

◆ フォームからメッセージを送る

フロントサイトの「新しいメールフォーム」ページからメッセージを送信します。
サンプルフィールドに「お問い合わせメッセージ」と入力します。

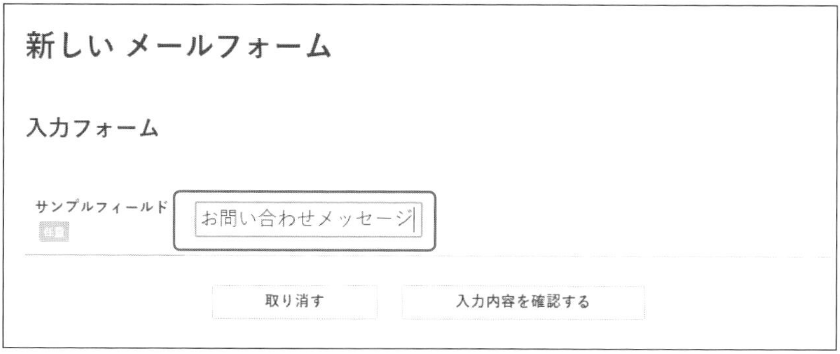

「入力を確認する」ボタンを押すと確認画面に遷移します。

「送信する」ボタンを押してメッセージを送信します。

◆メッセージを確認する

管理サイトで送信されたメッセージを確認しましょう。

管理サイトの左ナビゲーションから「新しいメールフォーム」をクリックし、表示された「受信メール」をクリックします。

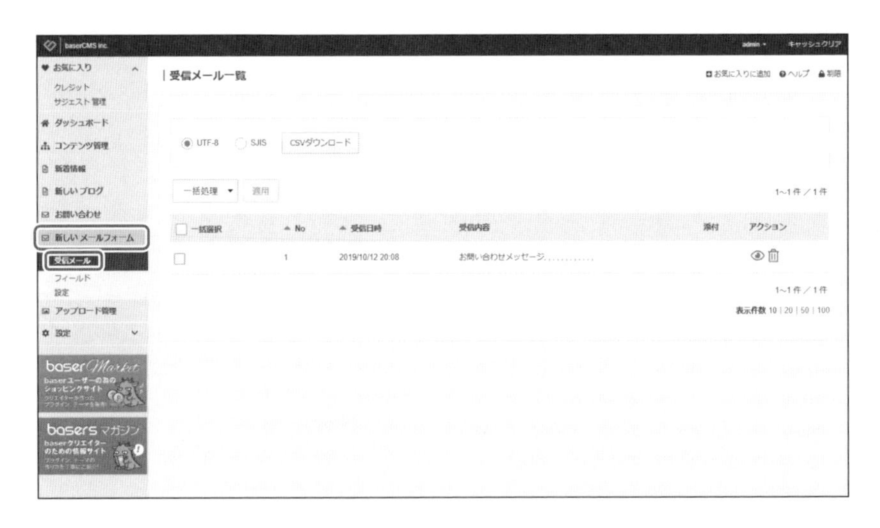

「新しい メールフォーム|受信メール一覧」ページが表示され、一覧に先ほど送信したメッセージが表示されています。

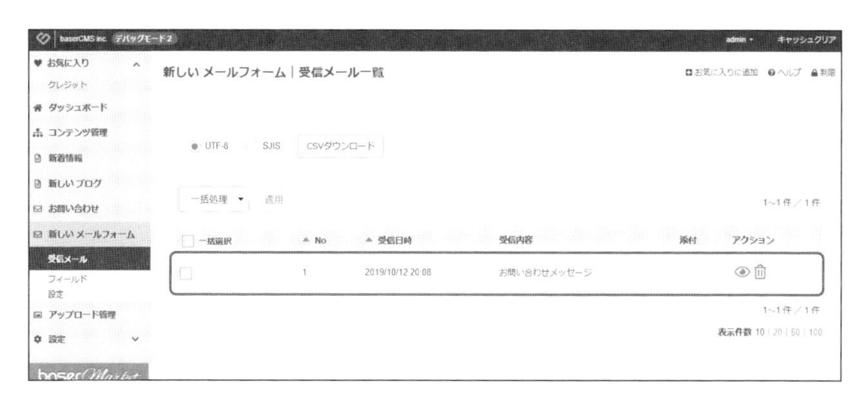

一覧の表示したいメッセージの右端のアクション列の目のアイコンをクリックすることでメッセージの詳細が確認できます。

メールフォームから送信された内容はこのように管理サイトで確認可能です（設定で管理サイトには保存しないようにもできます）。また、メールフォームの設定で設定されたメールアドレスにも内容が送られます。

◆ メールフォームの設定・編集について

メールフォームの設定は管理サイトの「メールフォーム名」（今回の場合なら「新しいメールフォーム」）をクリックして表示される「設定」から行います。

ここではメールフォームの設定項目について解説します（他のページと共通で説明済みのものは省略します）。

● URL

メールフォームページのURLが設定できます。

● タイトル

メールフォームのタイトルを設定できます。

● 公開日時

公開する期間を指定できます。

● メールフォーム説明文

メールフォームの説明文です。標準のbc_sampleではフォームページに説明文が表示されます。

● 送信先メールアドレス

問い合わせ内容を受け取るメールアドレスを指定します。初期状態ではサイトの管理者用に設定したメールアドレスに送信されます。

● 送信先名

自動返信メールの送信者名です。

● 自動返信メール件名[ユーザー宛]

ユーザー宛の自動返信メールの件名です。

● 自動送信メール件名[管理者宛]

管理者宛の自動返信メールの件名です。

● リダイレクトURL

メッセージ送信後にリダイレクトされるURLです。

● フォーム受付期間

フォームのメッセージを受け付ける期間です。

● データベース保存

送信情報をデータベースに保存するかどうかを設定します。データベースに保存しなかった場合、管理サイトで内容を確認することができなくなります。

● イメージ認証

送信する際に画像による認証を行うかどうかの設定です。

● SSL通信

SSLを利用するかどうかの設定です。

● BCC用送信先メールアドレス

管理者用の自動返信メールのBCC設定項目です。

- メールフォームテンプレート名

メールフォーム用のテンプレートを設定します。

- 送信メールテンプレート名

自動返信メールのテンプレートを設定します。

◆ フィールドの種類

メールフォームで利用できるフィールドについて解説します。

- テキスト

一行の入力エリアです。

- テキストエリア

複数行入力可能な入力エリアです。

- ラジオボタン

複数の項目から1つ選択可能なフィールドです。ラジオボタンを表示するには「選択リスト」項目に | で区切ってリストを指定する必要があります。

```
A|B|C
```

選択リスト	A|B|C

- セレクトボックス

プルダウンで複数の項目から1つを選択するフィールドです。ラジオボタン同様に「選択リスト」項目に | で区切ってリストを指定する必要があります。

- Eメール

メールアドレス入力用のフィールドです。Eメールフィールドに入力されたアドレスに対して自動返信メールが送られます。Eメール以外のフィールドであっても、フィールド名を「email_1」とすると自動返信メールの送信先に選択されるので注意してください。

● マルチチェックボックス

複数選択可能なチェックボックスを表示します。「選択リスト」項目に `|` で区切ってリストを指定する必要があります。

● ファイル

ファイルをアップロードできるフィールドです。

● 自動補完郵便番号

郵便番号を入力するためのフィールドです。自動補完郵便番号を利用する場合は補完対象となる都道府県フィールドと住所用のフィールドのフィールド名を指定する必要があります。

たとえば、都道府県入力フィールドが `address1` 、住所入力フィールドが `address2` の場合は次のように指定します。

```
address1|address2
```

● 都道府県リスト

都道府県選択用のプルダウンを表示します。

● 和暦日付

和暦による年月日を入力できるフィールドです。

● カレンダー

カレンダーのUIから年月日を選択できるフィールドです。

● 電話番号

電話番号を入力するためのフィールドです。

● 隠しフィールド

`hidden` 属性を設定したフィールドです。

◆ フィールドの設定

フィールドの追加時に設定する項目について解説します。

● フィールド名

半角英数字で指定します。プログラム側で使用します。

● 項目名

項目の名称です。

● タイプ

「テキスト」などのフィールドのタイプです。

● 項目見出し

フロントサイトに表示される項目の見出しです。

● 必須マーク

項目が必須であるかを指定します。

● 入力チェック

入力された内容に対して行うチェックを指定できます。

● 注意書き

フィールドに対しての注意書きです。注意書き・前見出し・後見出し・説明文の表示の有無や表示場所はテーマによって異なる可能性があります。

● 前見出し

フィールドの前に表示される見出しです。

● 後見出し

フィールドの後に表示される見出しです。

● 説明文

フィールドの説明文です。

● 表示サイズ

フィールドを表示するサイズです。たとえば、テキストでこの値を大きく設定すると横に長いテキストエリアが表示されます。

● 最大値

最大文字数です。

● 選択リスト

フィールドのタイプによって表示される項目です。詳しくは「フィールドの種類」項目を参照ください。

● 拡張入力チェック

「入力チェック」に加えてさらに入力チェックを行うことができます。

● グループ名

同じ名前を付けたフィールドをグループとして扱います。

● グループ名入力チェック

同じグループとして扱われる項目のすべてがチェックをクリアした場合にのみクリアとします。

● クラス名

HTMLのclass属性を指定します。

● 自動変換

英数字の入力に全角文字があった場合に半角に変換します。

● 利用状態

フィールドを利用するかを設定します。

● メール送信

自動返信メールにフィールドの内容を表示するかを設定します。

コンテンツの削除

作成したコンテンツが不要になった場合、削除を行うことができます。

◆ ゴミ箱に入れる

管理サイトの「コンテンツ管理」からごみ箱にいれたいコンテンツ名の上でマウスの右クリック、またはコンテンツ名の右側の三点リーダー（…）をクリックし、「ごみ箱に入れる」を選択します。

フロントサイトから対象のコンテンツを閲覧することができなくなり、管理サイトのコンテンツ一覧にも表示されなくなります。

コンテンツ管理の「ごみ箱」には残っているので元に戻すことができます。

◆ 完全に削除する

コンテンツ管理のごみ箱の一覧から、削除したいコンテンツ名の上でマウスの右クリック、またはコンテンツ名の右側の三点リーダー（…）をクリックし、「ごみ箱を空にする」をクリックするとコンテンツが削除されます。

メンテナンス状態にする

サイトをメンテナンス設定にすることでユーザーからはメンテナンス中と表示され、管理者からはフロントサイトも管理サイトも利用できるという状態になります。

サイトの機能追加やアップデートの際にメンテナンス状態にして確認作業を行うことができます。

◆ メンテナンス設定を行う

管理サイトの「設定」→「サイト基本設定」の「公開状態」項目を「メンテナンス中」に変更して保存することでサイトをメンテナンス状態にすることができます。

メンテナンス状態に変更すると管理サイトにログインしていないユーザーに対して「メンテナンス中」と表示されたページを表示します。より正確にいうなら、メンテナンス用のページにリダイレクトされます。

管理サイトにログインしている管理者はフロントサイト、管理サイトともに通常の表示のままです。

メンテナンスを終了するには同様に「公開状態」項目を公開中に戻します。

Google Mapを設定する

Google Mapの設定をすることでbaserCMSのページにGoogle Mapを利用した地図を表示することができます。

◆ Google Mapの設定を行う

Google Mapの設定は管理サイトの「設定」→「サイト基本設定」の「外部サービス設定」にある「GoogleMaps住所」項目で指定します。

1段目の入力エリアに表示したい場所の住所、2段目にGoogle Mapのサービスから取得したAPIキーを入力します。

Google Mapのキーの取得についてはGoogle Mapのドキュメントを参照ください。

ファイルをアップロードする

画像などのファイルをアップロードするには管理サイトの「アップロード管理」を使用します。

◆ 画像をアップロードする

管理サイトの左ナビゲーションから「アップロード管理」をクリックします。

「アップロードファイル一覧」ページに遷移後に、「ファイルを選択」をクリックします。

ダイアログが表示されるので、アップロードしたい画像を選択し、「開く」ボタンをクリックします（OSによってボタン名や表示が異なります）。

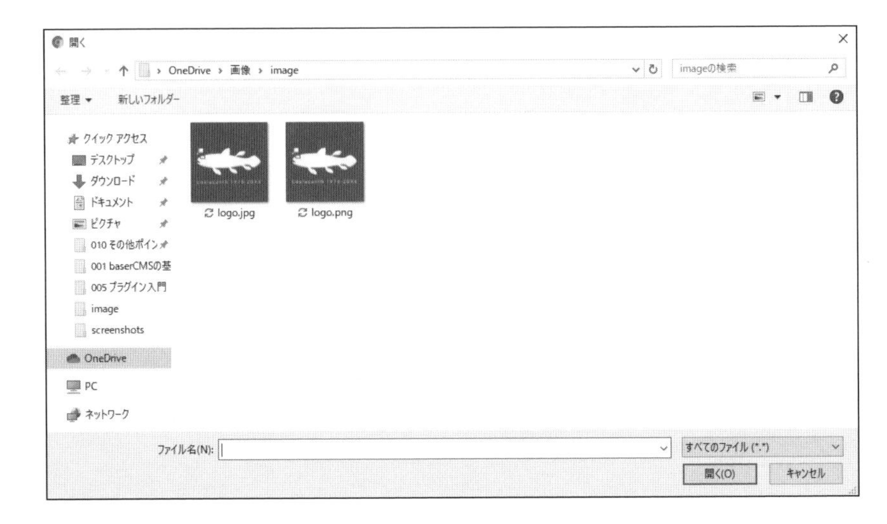

一覧にファイルが追加されました。

◆ファイルを利用する

アップロードしたファイルは固定ページや、ブログ記事などのエディタから追加することができます。

エディタ上部の画像アイコンをクリックします。

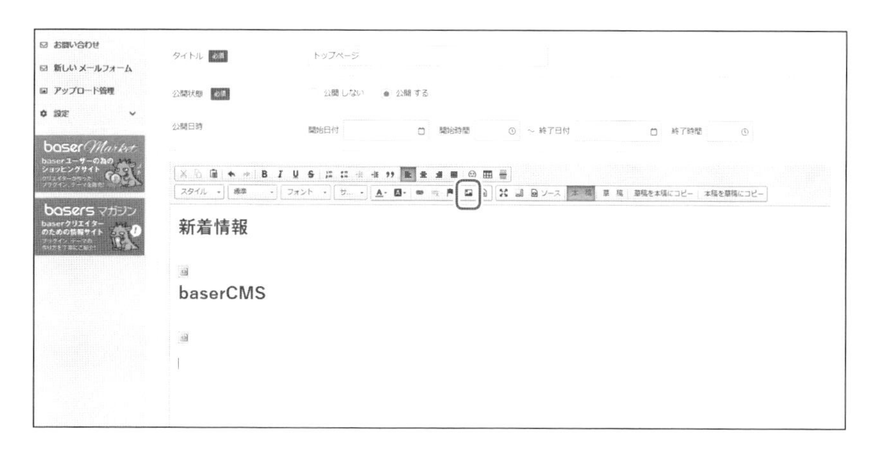

画像を選択して、右下の「OK」ボタンをクリックします。

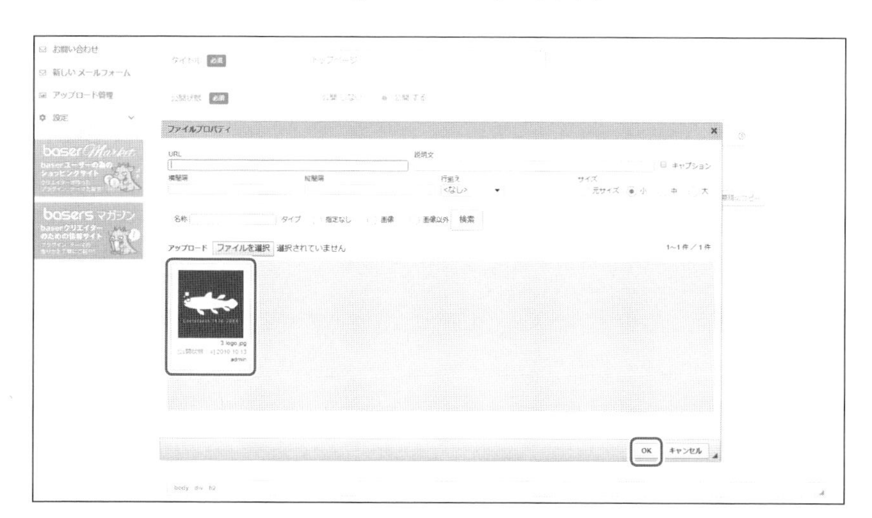

ページコンテンツに画像が追加されたことを確認します。

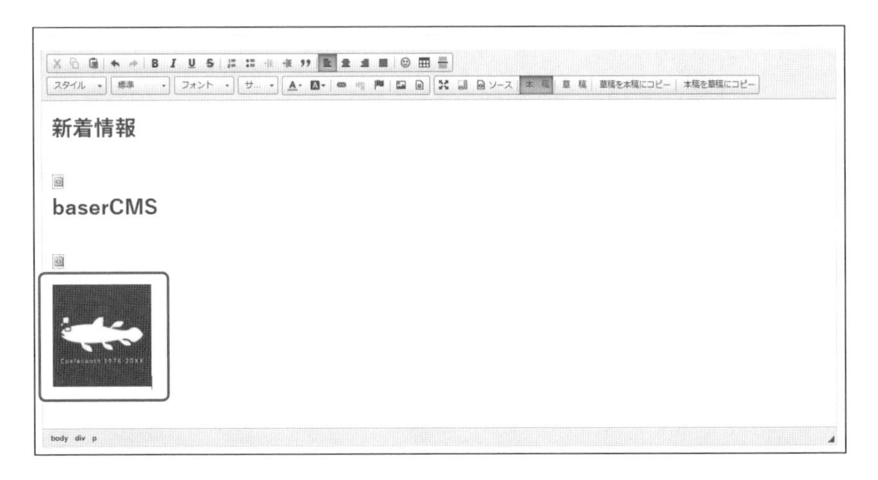

◆ファイルを削除する

アップロードした画像を削除するには管理サイトの「アップロード管理」をクリックします。「アップロードファイル一覧」ページに遷移後に、削除したいファイルの上でマウスの右クリックして「削除」をクリックします。

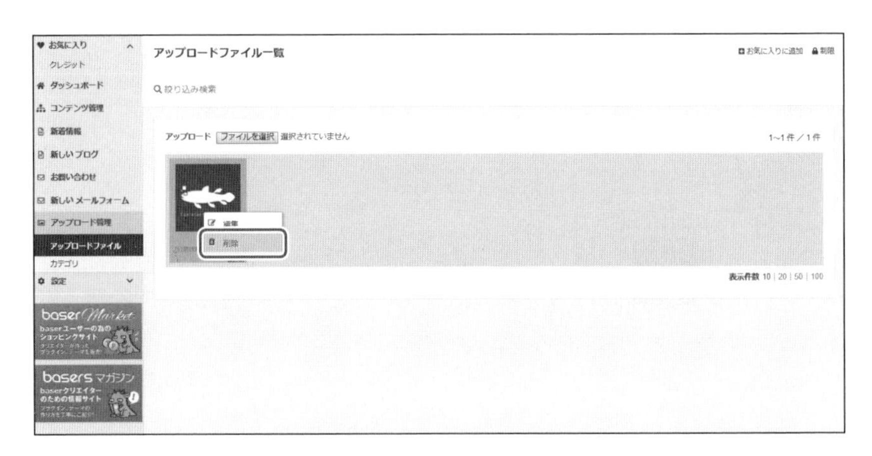

プラグインを導入する

プラグインを利用すればサイトに機能を追加することができます。

◆ baserマーケット

プラグインを探すにはbaserマーケットを利用するのが簡単です。

- **baserマーケット**

  URL https://market.basercms.net/

上記URLにアクセスすることでbaserマーケットを表示できますが、管理サイトからも表示できます。管理サイトの「設定」→「プラグイン管理」をクリックします。「プラグイン一覧」ページに導入済みのプラグインが表示されています。

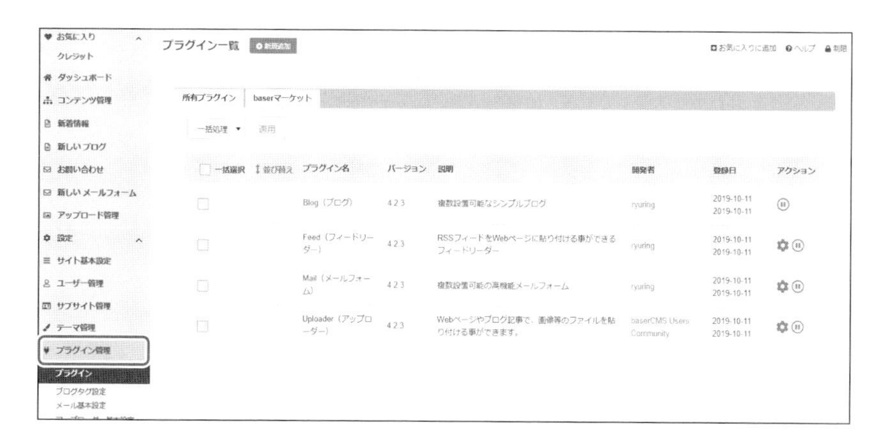

初期状態で「Blog」などのプラグインがすでに表示されています。これはbaserCMSの基本機能のブログやメールフォーム、フィード、アップローダーはプラグインとして作成されているからです。

baserマーケットを表示するには一覧の上部タグから「baserマーケット」をクリックします。

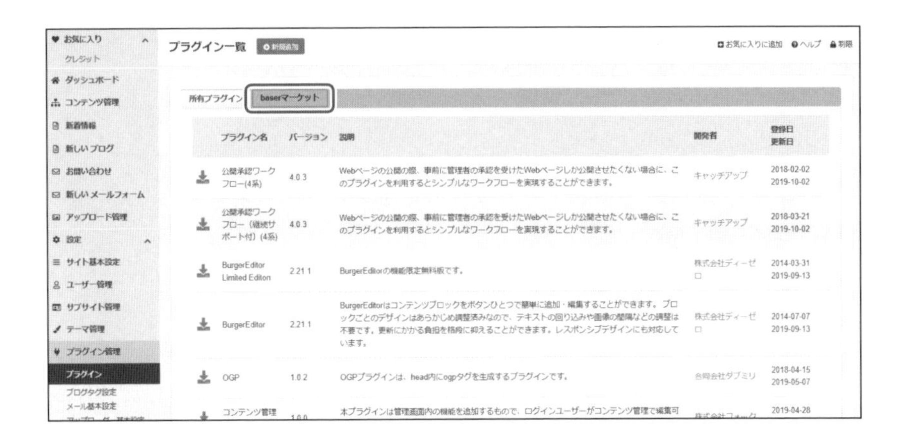

◆ プラグインをダウンロードする

今回は検索時にオススメキーワードを候補として表示する「サジェストプラグイン(4系)」を追加してみます。「サジェストプラグイン(4系)」欄の左端のダウンロードアイコンをクリックします。

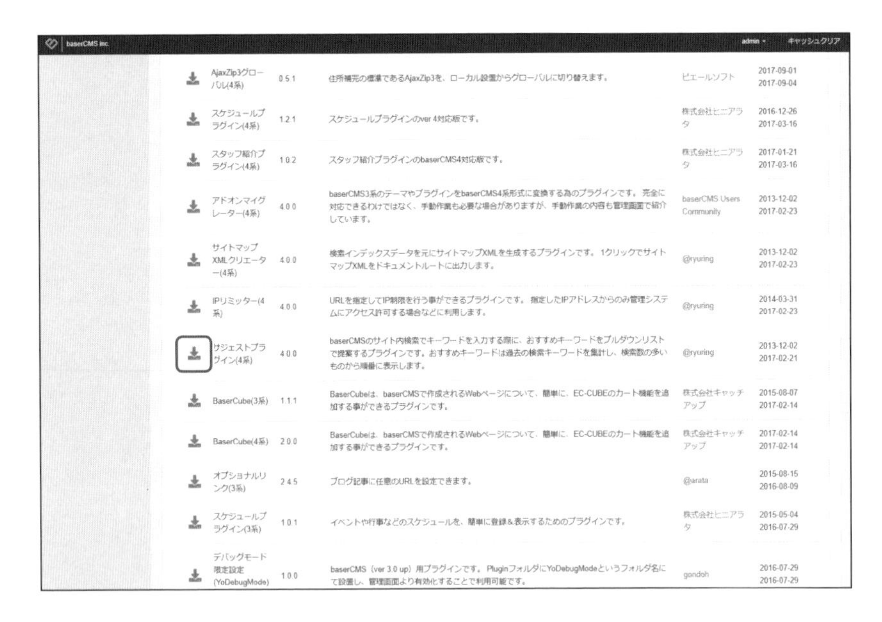

ブラウザでbaserマーケットのサジェストプラグインのページが表示されます。

● **サジェストプラグイン(4系)**

URL https://market.basercms.net/products/detail.php?product_id=22

「ダウンロード」ボタンをクリックしてファイルをダウンロードします。

◆プラグインをインストールする

管理サイトの「プラグイン管理」に戻り「プラグイン一覧」ページの上部の「新規追加」ボタンをクリックします。

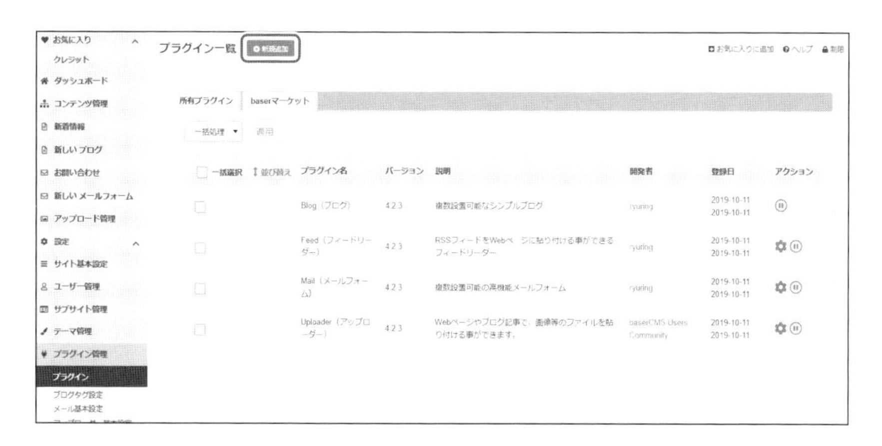

「プラグインアップロード」ページに遷移します。「ファイルを選択」ボタンをクリックし、先ほどダウンロードした「サジェストプラグイン（4系）」のファイル「Suggest.zip」を選択します。

ファイル選択後、「インストール」ボタンをクリックします。

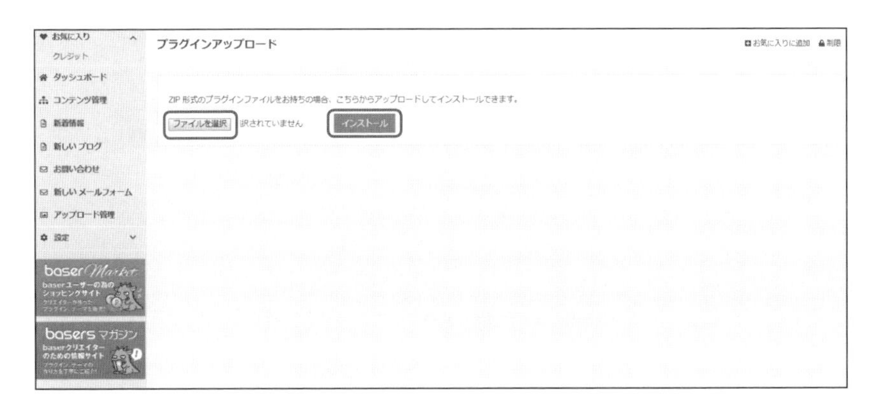

Suggestプラグインが所有プラグインに追加されました。

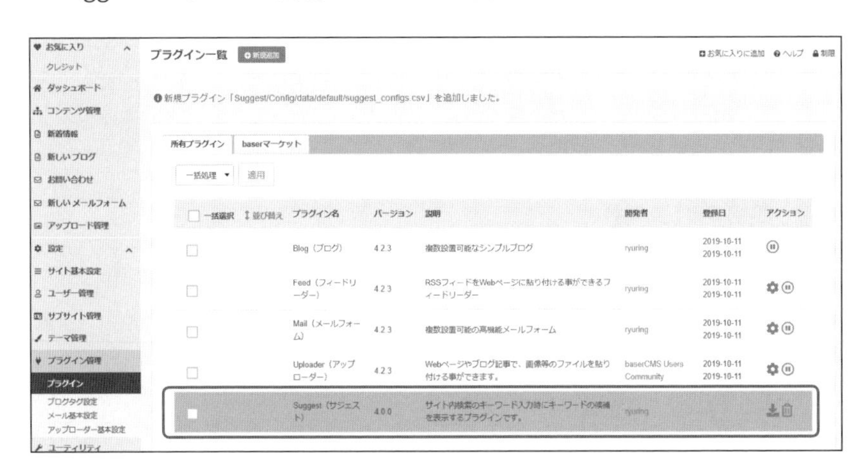

しかし、まだプラグインは有効化されていません。

◆プラグインの有効化

Suggestプラグインの右端のダウンロードアイコンをクリックします。

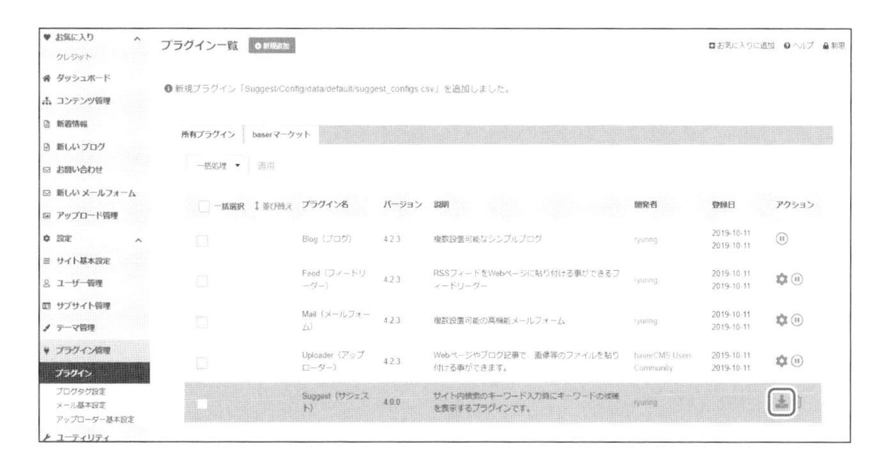

「新規プラグイン登録」ページに遷移します。「インストール」ボタンをクリックします。

プラグインがインストールできました。

◆動作を確認する

フロントサイトの「サイト内検索」で検索を行うとそのワードが次回以降の検索時にユーザーにかかわらず、サジェストとして表示されます。

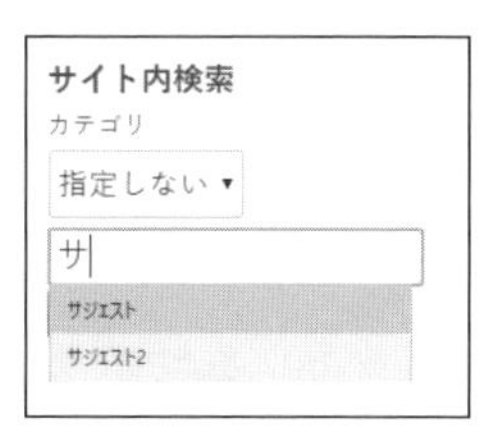

ウィジェットエリアを編集する

ウィジェットエリアは管理サイトから表示するパーツを編集することができる機能です。初期テーマでは「固定ページ」と「ブログ」の右側にウィジェットエリアが表示されています。

◆ウィジェットエリアを編集する

ウィジェットエリアを編集するには管理サイトの「設定」→「ユーティリティ」→「ウィジェットエリア」をクリックします。

「ウィジェットエリア一覧」ページに遷移します。一覧に表示されている「標準サイドバー」が固定ページで使用されているウィジェットエリアで、「ブログサイドバー」が新着情報などのブログで表示されるサイドバーです。

一覧から「標準サイドバー」の文字をクリックします。

「ウィジェットエリア編集」ページに遷移します。左側に利用できるウィジェットの一覧が、右側に現在利用中のウィジェット一覧が表示されています。

◆ウィジェットの追加

ウィジェットを追加するには「利用できるウィジェット」エリアの項目をドラッグ&ドロップで「利用中のウィジェット」に移動させます。

参考として「テキスト」ウィジェットを追加してみます。「利用できるウィジェット」から「テキスト」を「利用中のウィジェット」にドロップします。

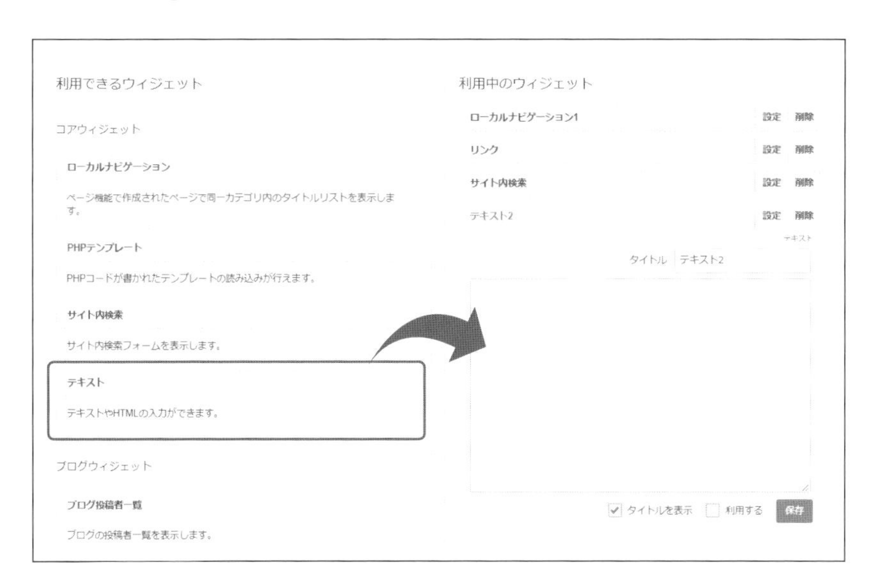

「テキスト」ウィジェットは自由にテキストを表示できるウィジェットです。入力エリアに「テキストウィジェット」と入力し、「利用する」のチェックボックスにチェックを入れます。その後、「保存」ボタンをクリックして設定を保存します。

フロントサイトでウィジェットが追加されていることを確認します。

参考

baserCMSの管理サイトの機能について紹介しました。さらに詳しい情報が欲しい場合は公式のドキュメントなどを参考にしてください。

- **baserCMSユーザーマニュアル(PDF)**

  URL https://basercms.net/files/basercms_user_manual.pdf

上記は、管理サイトのUIは古いバージョンですが、機能などは同様です

CHAPTER 2 デザインカスタマイズ入門

baserCMSの デザインカスタマイズの概要

baserCMSは1つのページを表示するために複数のファイルを利用します。サイトのデザインを変更したい場合、変更したいコードがどのファイルに記載されているのかを特定する必要があります。また、ファイルにはHTMLだけでなく、動的に値を出力するためのPHPコードが埋め込まれています。

▼HTMLだけでなくPHPのコードが含まれている　SOURCE CODE

```
<div class="clearfix" id="NewsList">
<h2>新着情報</h2>
<?php $this->BcBaser->blogPosts('news', 5) ?></div>
```

本章では主にbaserCMSの画面を変更するデザインカスタマイズについて解説します。

本章が想定するスキル

本章の内容には画面を定義するHTMLとCSSについての知識を必要とします。動的な値を出力するためのプログラミング言語PHPまたは、その他プログラミング言語についても基本的な知識が要求されます。また、CHAPTER-1で解説したbaserCMSのフロントサイト、管理サイトの基本構成も把握しているものとして進めます。

テーマ

baserCMSではサイトのデザインをテーマとして定義します。テーマを切り替えることでサイトの見た目を大きく変更することができます。サイトのデザインを変更する場合は、既存のテーマをベースに変更する方法と新しくテーマを作成する方法があります。

▼テーマは管理サイトから切り替えることができる

▼テーマ切り替えの例

ページの構成

baserCMSの各ページは「ページ」(本書では固定ページと表記)と「ブログ」、「メールフォーム」という大きく3つの形態をとります。

1つのページには「レイアウト」という全体の配置を決定するファイルが1つ紐付られます。レイアウトにはヘッダーやフッターといった「エレメント」や「ページ固有のコンテンツ」をどのように配置するかが記述されています。このレイアウトやエレメントなど画面表示の定義に関わるファイルをまとめてViewファイルと呼びます。

◆レイアウト

ページにどのようにエレメントやページ固有のコンテンツを表示するかを決定します。下記に初期テーマ(bc_sample)のレイアウトのソースコードを一部省略およびコメントを追加して読みやすくしたものを記載します。実際のファイルは`theme/bc_sample/Layouts/default.php`に記載されています。

▼初期テーマのレイアウトファイルの内容

SOURCE CODE

```
<?php $this->BcBaser->docType('html5') ?>
<html>
<head>
    // ヘッドの内容をPHPで出力します
    <?php $this->BcBaser->charset() ?>
    <?php $this->BcBaser->title() ?>
    // 省略
</head>
<body id="<?php $this->BcBaser->contentsName() ?>">

<div id="Page">

    // ヘッダーを出力します。
    // ヘッダーの内容は/Elements/header.phpに定義されています
    <!-- /Elements/header.php -->
    <?php $this->BcBaser->header() ?>

    // グローバルナビを出力します
    <!-- /Elements/global_menu.php -->
    <nav><?php $this->BcBaser->globalMenu(2) ?></nav>

    // トップページの場合はメインイメージ
    // トップページではない場合はパンくずリストを表示します
    <?php if ($this->BcBaser->isHome()): ?>
        <?php $this->BcBaser->mainImage(array(
            'all' => true, 'num' => 5, 'width' => "100%")) ?>
    <?php else: ?>
        <!-- /Elements/crumbs.php -->
        <?php $this->BcBaser->crumbsList(); ?>
    <?php endif ?>

    <div id="Wrap" class="clearfix">

        <section id="ContentsBody" class="contents-body">
            // ページ固有のコンテンツを表示します
            <?php $this->BcBaser->flash() ?>
            <?php $this->BcBaser->content() ?>
            <!-- /Elements/contents_navi.php -->
            <?php $this->BcBaser->contentsNavi() ?>
        </section>
```

```
        <div id="SideBox">
            // ウィジットエリアを表示します
            <!-- /Elements/widget_area.php -->
            <?php $this->BcBaser->widgetArea() ?>
        </div>

    </div>
    // フッターを表示します
    <!-- /Elements/footer.php -->
    <?php $this->BcBaser->footer() ?>

</div>

<?php $this->BcBaser->func() ?>
</body>
</html>
```

`$this->BcBaser`というコードが何カ所もありますが、これはプログラム処理を利用してエレメントやHTMLタグなどを出力することができるヘルパークラスという機能です。ヘルパークラスについては後ほど紹介します。`$this->BcBaser->footer()`とあれば、何となくフッターを表示するのだろうと推測してください。

ページの大枠をレイアウトで決定し、ヘッダーやフッターなどは別のファイルに定義してあることが何となく読み取れたでしょうか。

この別ファイルに定義してある各パーツがエレメントです。

◆エレメント

ページを構成する各要素をエレメントという単位で分割したものです。たとえばサイトのヘッダーやフッター、右ナビゲーションなどをエレメントとして分割します。

下記に初期テーマ（bc_sample）のヘッダーのコードを記載します。ファイルは`theme/bc_sample/Elements/header.php`です。

▼初期テーマのヘッダー定義　SOURCE CODE

```
<?php
/**
 * ヘッダー
```

```
 *
 * BcBaserHelper::header() で呼び出す
 * (例)<?php $this->BcBaser->header() ?>
 */
?>
<header>
    <div class="header-inner">
        <?php $this->BcBaser->logo(array('class' => 'logo')) ?>
    </div>
</header>
```

PHPコードの $this->BcBaser->logo(array('class' => 'logo')) はロゴ画像を出力するためのメソッドです。

レイアウトのコードでも使われていましたが $this->BcBaser はページの表示で利用できるさまざまな機能を集めたヘルパークラスです。ヘルパークラスについては後ほど解説します。

◆コンテンツ

ページ固有の表示をコンテンツといいます。たとえばトップページの新着情報や、お問い合わせページのフォームなどがコンテンツです。ブログやメールフォームの内容は共通のファイルからプログラミングで表示する内容を作成しますが、固定ページは個別にファイルが作成されます。

下記にトップページのコンテンツのコードを記載します。ファイルは app/View/Pages/index.php です。

▼トップページのコンテンツ　SOURCE CODE

```
<!-- BaserPageTagBegin -->
<?php $this->BcBaser->setTitle('トップページ') ?>
<?php $this->BcBaser->setDescription('') ?>
<?php $this->BcBaser->setPageEditLink(1) ?>
<!-- BaserPageTagEnd -->

<div class="clearfix" id="NewsList">
<h2>新着情報</h2>
<?php $this->BcBaser->blogPosts('news', 5) ?></div>
```

```
<div id="BaserFeed">
<h2>baserCMS</h2>
<?php $this->BcBaser->js('/feed/ajax/1') ?></div>
```

1行目の `<!-- BaserPageTagBegin -->` から `<!-- BaserPageTagEnd -->` はコンテンツの表示とは関係ない部分なので今は読み飛ばしてください。

トップページに表示される新着情報やbaserCMSのフィードといったページ固有のコンテンツが記載されています。

COLUMN コンテンツという用語

コンテンツという用語はさまざまなところで使われます。CMSも日本語にするとコンテンツマネジメントシステムです。

baserCMSでは各ページやページをまとめるためのフォルダをコンテンツといいます。それ以外にもCMSでは一般的にフッターやヘッダーなどの再利可能なパーツを除いたページ固有の内容をコンテンツといいます。本書ではこのページ固有の内容を「ページ固有のコンテンツ」「ページコンテンツ」と分けて表記します。

COLUMN Viewファイルの配置場所

レイアウトやエレメントはテーマ内で使い回して使用するために `theme` フォルダ以下に配置されていましたが、ページ固有のコンテンツはサイト固有の情報のため配置されるフォルダが異なることに注意してください。

トップページの構成を知る

「テーマ」「エレメント」「コンテンツ」について解説しました。本項ではそれらの内容をおさらいしつつトップページの構成について解説します。

◆トップページのテーマ

baserCMSのサイトではまずテーマがページの表示に大きく関わります。テーマは管理サイトの「設定」→「テーマ管理」から確認、変更することができます。

テーマのファイルは `{baserCMSインストールファルダー}/theme` 以下に配置されています。初期状態のbc_sampleであれば `theme/bc_sample` です。

◆レイアウト

テーマには1つないし複数のレイアウトが用意されています。bc_sampleテーマの初期レイアウトは `theme/bc_sample/Layouts/default.php` に定義されています。

初期テーマのbc_sampleではレイアウトは1つですが、所有テーマに含まれているbcColumnでは「1カラム」「2カラム左サイド」「2カラム右サイド」が用意されており、管理サイトから切り替えることができます。

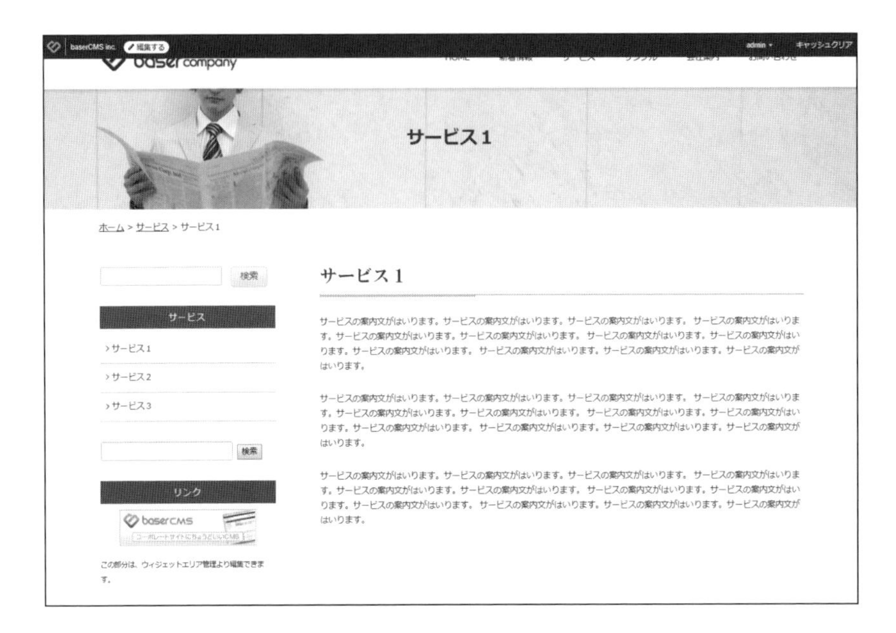

トップページのレイアウト設定を確認してみます。

管理サイトの左ナビから「コンテンツ管理」→「コンテンツ」を選択し、「コンテンツ一覧」のトップページ（index）」という項目で右クリック→「編集」をクリックします。

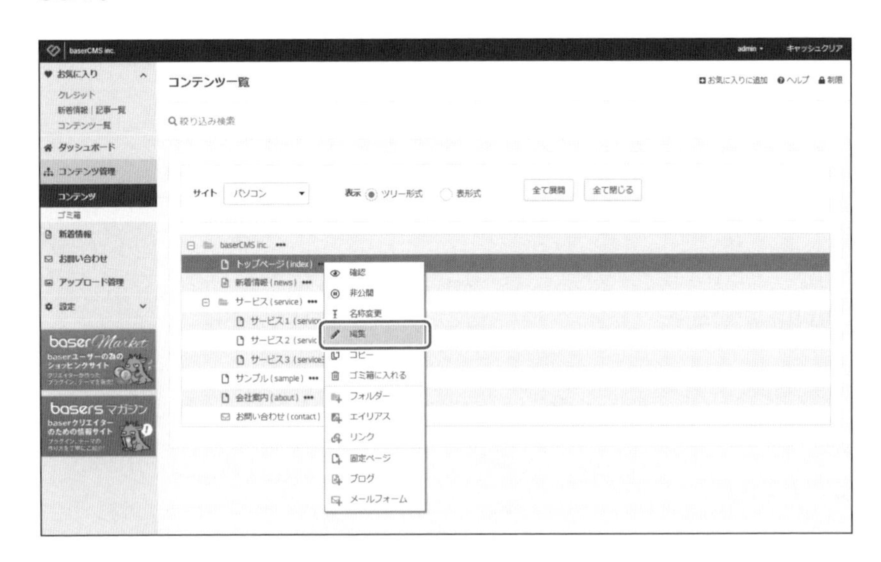

「固定ページ情報編集」画面に遷移します。ページ下部の「オプション」項目をクリックして展開します。

「レイアウトテンプレート」という項目があり「親フォルダの設定に従う(default)」が指定されています。

トップページのコンテンツは「baserCMS inc.」というフォルダの中に配置されており、このフォルダのレイアウトテンプレート設定がdefaultなので、配下のコンテンツも初期の値はそれに準じるという意味です。

なお、上記のフォルダはbaserCMSのコンテンツの種類の1つです。また、コンテンツ一覧のフォルダ名の「baserCMS inc.」はサイト基本設定の「WEBサイトタイトル」の値が表示されます。

◆ 選択できるレイアウトテンプレートについて

「初期テーマのbc_sampleではレイアウトは1つ」と説明しましたが、固定ページ情報編集画面の「レイアウトテンプレート」項目を展開すると「default」以外にも「error」「empty」などのテンプレートが表示されます。

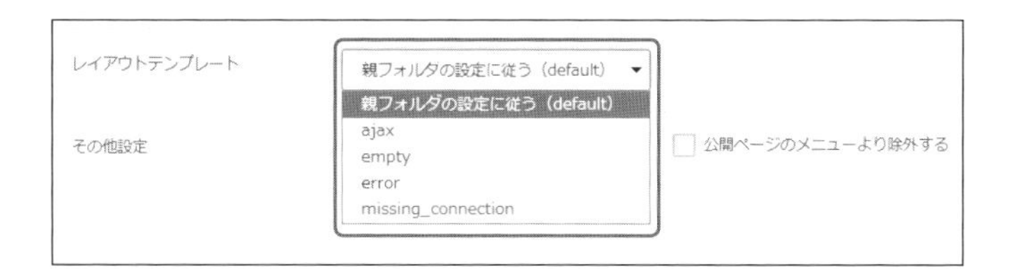

「default」以外のテンプレートはbaserCMSがテーマ以外に持っているテンプレートです。これらのbaserCMSが持つテンプレートをコアテンプレートといいます。コアテンプレートは `lib/Baser/View/Layouts` に配置されています。

このようにレイアウトテンプレートはテーマで用意されたものと、baserCMSがもともと持っているものを利用することができます。

なお、同じ名前のファイルがある場合はテーマ側のファイルが優先されます。

● レイアウトテンプレートファイルの追加

新しくレイアウトテンプレートを追加したい場合、テーマのレイアウトフォルダにファイルを追加するだけで管理サイトのメニューに追加されます。初期テーマのbc_sampleの場合は `theme/bc_sample/Layouts` 以下です。

試しに `sample.php` というファイルを `theme/bc_sample/Layouts` 以下に配置して固定ページ情報編集画面で確認してみます。

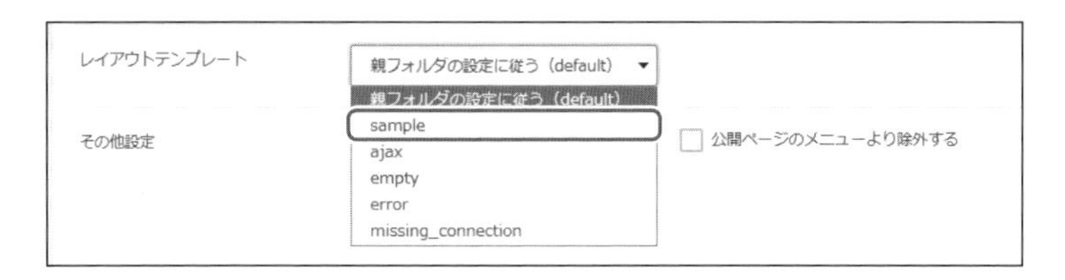

上図のように「sample」という項目が追加されます。`sample.php`には何もコードが記載されていないので、変更すると真っ白な画面になります。

複数のレイアウトを持つと説明したbcColumnテーマでは、`theme/bccolumn/Layouts`に、`default.php`のほかに左カラム用の`left_column.php`と右カラム用の`right_column.php`の2つのファイルが配置されています。

このように複数のレイアウトテンプレートファイルを用意するとプログラミングやHTMLの知識がないサイト運用者が管理サイトからページごとにレイアウトを変更することができます。

◆エレメント

複数のページで利用する共通のパーツはエレメントとして呼び出します。bc_sampleのトップページで利用しているエレメントは`theme/bc_sample/Layouts/default.php`のコードから確認できます。

▼「default.php」のエレメントを利用している部分　SOURCE CODE

```
    // ヘッダーを出力します。ヘッダーの内容は/Elements/header.phpに
    // 定義されています
    <!-- /Elements/header.php -->
    <?php $this->BcBaser->header() ?>

    // グローバルナビを出力します
    <!-- /Elements/global_menu.php -->
    <nav><?php $this->BcBaser->globalMenu(2) ?></nav>

    // トップページの場合はメインイメージを、
    // そうでない場合はパンくずリストを表示します
    <?php if ($this->BcBaser->isHome()): ?>
        <?php $this->BcBaser->mainImage(array('all' => true, 'num' => 5,
'width' => "100%")) ?>
    <?php else: ?>
        <!-- /Elements/crumbs.php -->
```

```
        <?php $this->BcBaser->crumbsList(); ?>
    <?php endif ?>

    <div id="Wrap" class="clearfix">

        <section id="ContentsBody" class="contents-body">
            // ページ固有のコンテンツを表示します
            <?php $this->BcBaser->flash() ?>
            <?php $this->BcBaser->content() ?>
            <!-- /Elements/contents_navi.php -->
            <?php $this->BcBaser->contentsNavi() ?>
        </section>

        <div id="SideBox">
            // ウィジットエリアを表示します
            <!-- /Elements/widget_area.php -->
            <?php $this->BcBaser->widgetArea() ?>
        </div>

    </div>
    // フッターを表示します
    <!-- /Elements/footer.php -->
    <?php $this->BcBaser->footer() ?>
```

トップページでは次のエレメントを使用しています。

- ヘッダー：theme/bc_sample/Elements/header.php
- グローバルナビ：theme/bc_sample/Elements/global_menu.php
- コンテンツナビ：theme/bc_sample/Elements/contents_navi.php
- ウィジットエリア：theme/bc_sample/Elements/widget_area.php
- フッター：theme/bc_sample/Elements/footer.php

コンテンツナビは呼び出してはいますが、トップページでは何も表示しません。ウィジェットエリアは少し特殊なエレメントなので後ほど解説します。

●管理サイトからエレメントを確認する

管理サイトでテーマに含まれるエレメントを確認することができます。

「設定」の「テーマ管理」からエレメントを確認したいテーマの「テンプレート編集」アイコンをクリックします。テンプレート編集アイコンは下図の一番左のアイコンです。

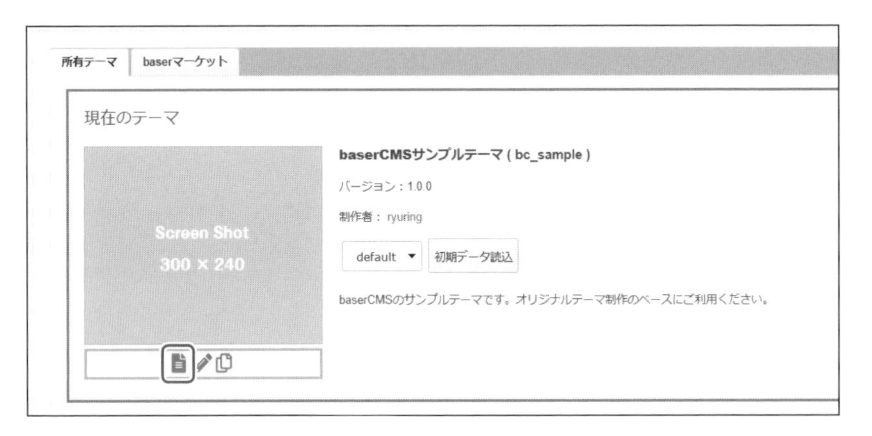

「テンプレート編集」アイコンをクリックすると「レイアウトテンプレート一覧」ページに遷移します。

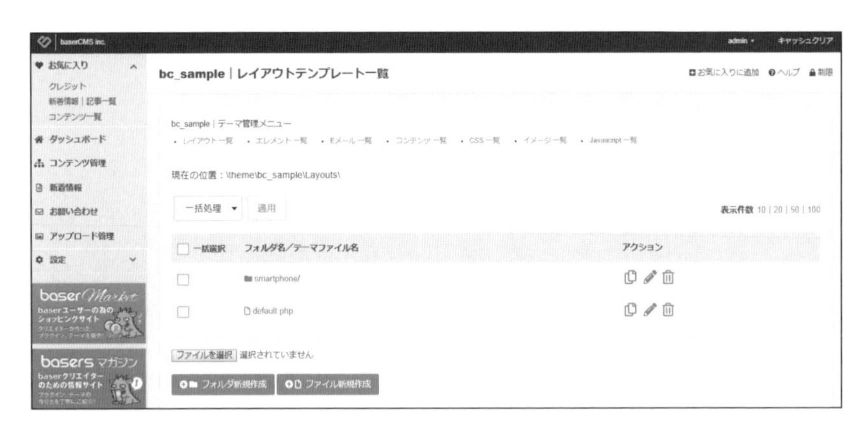

上部の「bc_sample|テーマ管理メニュー」からエレメント一覧を選ぶことでbc_sampleテーマのエレメントを確認することができます。

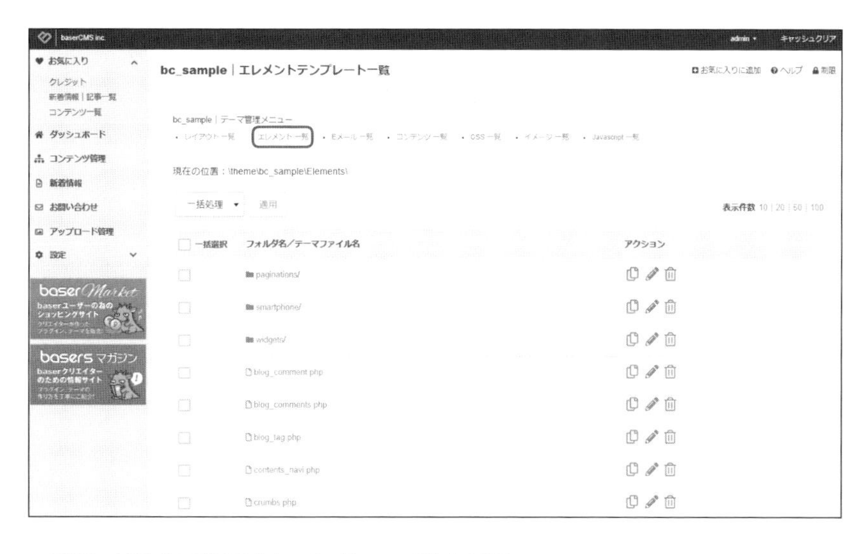

● デバッグ設定で使用されているファイルを知る

管理サイトの「設定」→「サイト基本設定」の「制作・開発モード」項目を「デバッグモード2」に変更することでページ表示時に、そのページで使用されているデザインファイルを知ることができます。

Nr	Template
1.	C:¥xampp¥htdocs¥app¥Plugin¥Blog¥View¥Blog¥default¥index.php
2.	C:¥xampp¥htdocs¥app¥Plugin¥Blog¥View¥Elements¥blog_tag.php
3.	C:¥xampp¥htdocs¥app¥Plugin¥Blog¥View¥Elements¥blog_tag.php
4.	C:¥xampp¥htdocs¥lib¥Baser¥View¥Elements¥paginations¥simple.php
5.	C:¥xampp¥htdocs¥lib¥Baser¥View¥Layouts¥default.php
6.	C:¥xampp¥htdocs¥lib¥Baser¥View¥Elements¥related_site_links.php
7.	C:¥xampp¥htdocs¥lib¥Baser¥View¥Elements¥global_menu.php
8.	C:¥xampp¥htdocs¥lib¥Baser¥View¥Elements¥contents_menu.php
9.	C:¥xampp¥htdocs¥lib¥Baser¥View¥Elements¥crumbs.php
10.	C:¥xampp¥htdocs¥lib¥Baser¥View¥Elements¥contents_navi.php
11.	C:¥xampp¥htdocs¥lib¥Baser¥View¥Elements¥widget_area.php
12.	C:¥xampp¥htdocs¥app¥Plugin¥Blog¥View¥Elements¥widgets/blog_calendar.php
13.	C:¥xampp¥htdocs¥app¥Plugin¥Blog¥View¥Elements¥widgets/blog_category_archives.php
14.	C:¥xampp¥htdocs¥app¥Plugin¥Blog¥View¥Elements¥widgets/blog_monthly_archives.php
15.	C:¥xampp¥htdocs¥app¥Plugin¥Blog¥View¥Elements¥widgets/blog_recent_entries.php
16.	C:¥xampp¥htdocs¥app¥Plugin¥Blog¥View¥Elements¥widgets/blog_author_archives.php
17.	C:¥xampp¥htdocs¥app¥Plugin¥Blog¥View¥Elements¥widgets/blog_yearly_archives.php
18.	C:¥xampp¥htdocs¥theme¥admin-third¥Elements¥admin/toolbar.php
19.	C:¥xampp¥htdocs¥lib¥Baser¥View¥Elements¥template_dump.php

●ウィジェットについて

ウィジェットはエレメントの中でも少し特殊です。ウィジェットはウィジェットエリア内に複数のコンテンツを取捨選択して表示することができます。表示することができる複数のコンテンツをウィジェット、ウィジェットを表示するエリアをウィジェットエリアといいます。

ウィジェットは管理サイトの「設定」→「ユーティリティ」→「ウィジェットエリア」から操作できるので、HTMLやPHPの知識がない管理者でも表示を編集することができます。

各ウィジェットの定義は `theme/bc_sample/Elements/widgets/` 以下に配置されている対応するファイル（ローカルナビゲーションなら `local_navi.php` ）に定義されています。

◆ページ固有のコンテンツ

ページ固有の内容を表示します。コンテンツの内容は `app/View/Pages/` 以下に配置されたファイルに記述されています。トップページ（/index）の場合は `app/View/Pages/index.php` に記載された内容です。

▼「index.php」の内容 **SOURCE CODE**

```
<!-- BaserPageTagBegin -->
<?php $this->BcBaser->setTitle('トップページ') ?>
<?php $this->BcBaser->setDescription('') ?>
<?php $this->BcBaser->setPageEditLink(1) ?>
<!-- BaserPageTagEnd -->

<div class="clearfix" id="NewsList">
<h2>新着情報</h2>
<?php $this->BcBaser->blogPosts('news', 5) ?></div>

<div id="BaserFeed">
<h2>baserCM</h2>
<?php $this->BcBaser->js('/feed/ajax/1') ?></div>
```


index.php を書き換えることでトップページの表示を更新できますが、管理サイトのコンテンツ管理から表示した内容は更新されません。

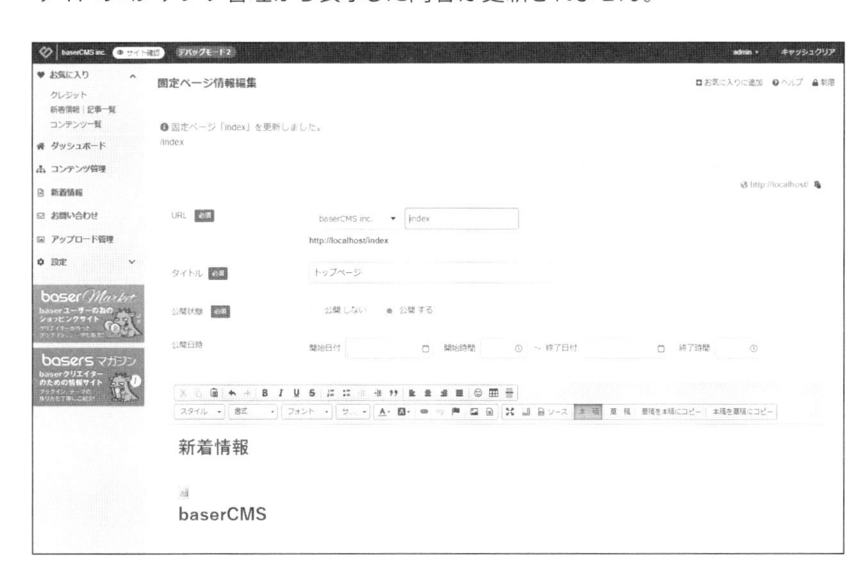

また、管理サイトのコンテンツ管理の内容には `<!-- BaserPageTagBegin -->` から `<!-- BaserPageTagEnd -->` の記述がありません。

管理サイトで表示している内容はデータベースのデータを表示しています。管理サイトから内容を変更すると、データベースの内容が更新され、それをもとにindex.phpのようなファイルが生成されます。その際にindex.phpには<!-- BaserPageTagBegin -->から<!-- BaserPageTagEnd -->の記述が追記されます。

そのため、最終成果物であるindex.phpを編集することで、一見、フロントサイトの表示を変更することはできますが、データベースが更新されないため、管理サイトの表示も編集前のままです。この状態で管理サイトでコンテンツを更新するとindex.phpを直接、更新した内容は上書きされてしまいます。

● Viewファイルの拡張子

CakePHPのデザインをカスタマイズした経験があれば不思議に思うかもしれませんが、CakePHPのデフォルトではHTMLを出力するためのViewファイルの拡張子は.ctpです。しかし、baserCMSではViewファイルの拡張子は.ctpではなく.phpです。これはWebサーバーの設定によっては拡張子.ctpのファイルに直接、アクセスされた際にコードの内容が表示されてしまう可能性があるので、それを避けるためです。

● ページテンプレート

baserCMSでテンプレートというと、前述のレイアウトテンプレートとここで紹介するページテンプレートの2つがあります。

ページテンプレートは固定ページの場合「固定ページテンプレート」、ブログの場合「コンテンツテンプレート」、メールフォームの場合「メールフォームテンプレート名」という項目で設定できます。機能としては同様ですが管理サイトの項目名がことなっているので注意してください。

ページテンプレートはテーマがbc_sampleの場合は次のフォルダに配置されています。

テンプレート	フォルダ
固定ページテンプレート	theme/bc_sample/Pages/templates
コンテンツテンプレート	theme/bc_sample/Blog/default
メールフォームテンプレート	theme/bc_sample/Mail/default

bc_sampleテーマの固定ページテンプレートのコードからコメントを除くと次のようになります。ファイルは theme/bc_sample/Pages/templates/default.php です。

▼固定ページテンプレート　SOURCE CODE

```
<?php
$this->BcPage->content();
```

このコードはコンテンツの内容を表示しているだけですが、コンテンツのコードの前後に共通のタグを表示したい場合などは、このファイルを編集することですべてのページでタグを出力することができます。

アセットの配置について

baserCMSでは画像、jsファイル、cssファイルなどのアセットをさまざまな方法で扱います。たとえば、管理サイトからアップロードしたアセット、テーマに含まれるアセットなどです。

◆テーマのアセット

テーマに含まれるアセットは theme/{テーマ名}/ 以下に配置されている img 、js 、css フォルダに格納されています。

◆コアアセット

baserCMSの本体に含まれるアセットは lib/Baser/webroot 以下に配置されている img 、js 、css フォルダに格納されています。

◆テーマに依存しないアセット

新規に作成したアセットやテーマを変更しても残しておきたいアセットはbaserCMSのインストールルート直下に配置されている img 、js 、css フォルダに格納されています。

◆管理サイトからアップロードしたアセット

管理サイトの「アップロード管理」やブログ記事などに利用した画像は files/uploads/ 以下に配置されている img 、js 、css フォルダに格納されています。

固定ページ

固定ページ固有のデザインファイルは各ページ固有のコンテンツファイルと、固定ページテンプレートファイルです。

◆ コンテンツ

コンテンツファイルは `app/View/Pages` 以下のURLに対応したファイルです。たとえば、トップページの場合は `index.php` 、サービス2ページの場合は `service/service2.php` です。しかし、管理サイトからの更新はデータベースのデータを変更し、それに合わせてそれぞれのファイルを変更します。

データベースを触りたくない場合はコンテンツの内容は管理サイトから行うとよいでしょう。

◆ 固定ページテンプレート

固定ページテンプレートはコンテンツの前後に表するタグを追加できます。固定ページテンプレートのファイルは `theme/bc_sample/Pages/templates` 以下になります。

初期テーマには `default.php` というページテンプレートが1つ配置されています。

◆ 固定ページテンプレートを追加する

固定ページテンプレートを追加するには `theme/bc_sample/Pages/templates` にファイルを追加します。この項目の最終ファイルは「002/sample_002_001」で確認することができます。

● ファイルの追加

`sample.php` というファイルを追加し、次のコードを記載します。

▼sample.php　SOURCE CODE

```
<p>固定ページテンプレート開始</p>
<?php $this->BcPage->content(); ?>
<p>固定ページテンプレート終了</p>
```

●管理サイトから固定ページテンプレートを変更する

管理サイトのコンテンツ管理からトップページを編集します。

「詳細設定」項目を展開し「固定ページテンプレート」の項目を「sample」に変更して、ページ下部の「保存」ボタンをクリックします。

●表示を確認する

フロントサイトのトップページを変更し、変更が反映されていることを確認します。

固定ページテンプレート開始

新着情報 467 users

2019.09.25
サンプル記事
サンプル記事の概要

2019.09.25
新商品を販売を開始しました。
新商品を販売を開始しました。新商品を販売を開始しました。新商品を販売を開始しました。新商品を販売を開始しました。新商品を販売を開始しました。

2019.09.25
ホームページをオープンしました
本文が入ります。本文が入ります。本文が入ります。本文が入ります。本文が入ります。本文が入ります。本文が入ります。本文が入ります。本文が入ります。本文が入りま

baserCMS

2019.09.27
井戸端会議 vol.9 レポート

2019.09.27
baserCMS 4.2.3 がリリースされました

2019.09.25
消費税率変更に伴う価格変更のお知らせ

2019.09.24
「BurgerEditor」プラグインアップデート

2019.09.20
「OSC2019 Niigata」登壇およびブース出展が決定！

固定ページテンプレート終了

ブログ

ブログ用のデザインパーツは大きく4つあります。

◆ index

1つはindexページです。初期ページの新着情報の `http://{baserCMSインストールルート}/news` または `http://{baserCMSインストールルート}/news/index` の画面です。

この画面は `theme/bc_sample/Blog/default/index.php` に定義されています。

▼index.php

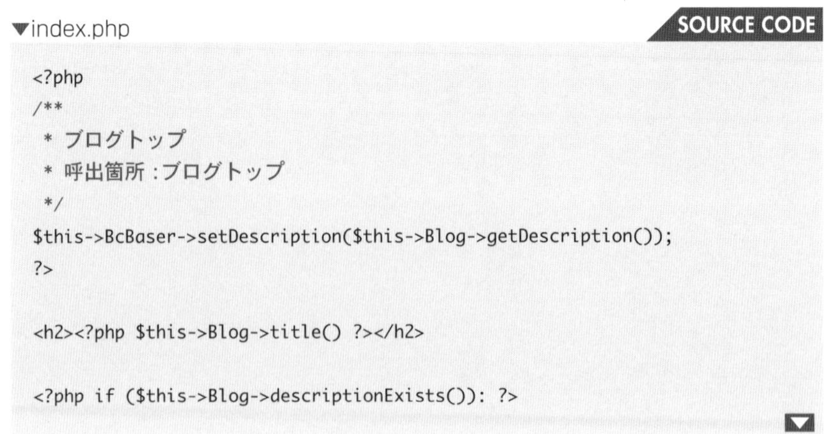

SOURCE CODE

```
<?php
/**
 * ブログトップ
 * 呼出箇所：ブログトップ
 */
$this->BcBaser->setDescription($this->Blog->getDescription());
?>

<h2><?php $this->Blog->title() ?></h2>

<?php if ($this->Blog->descriptionExists()): ?>
```

```
<div class="blog-description"><?php $this->Blog->description() ?></div>
<?php endif ?>

<?php if (!empty($posts)): ?>
    <?php foreach ($posts as $post): ?>
<article class="post clearfix">
    <?php $this->Blog->eyeCatch($post, array(
        'link' => false, 'width' => 300)) ?>
    <h4><?php $this->Blog->postTitle($post) ?></h4>
    <?php $this->Blog->postContent($post, false, false) ?>
    <div class="meta">
        <?php $this->Blog->category($post) ?>
         
        <?php $this->Blog->postDate($post) ?>
         
        <?php $this->Blog->author($post) ?>
        <?php $this->BcBaser->element('blog_tag',
            array('post' => $post)) ?>
    </div>
</article>
    <?php endforeach; ?>
<?php else: ?>
<p class="no-data"><?php echo __('記事がありません。'); ?></p>
<?php endif; ?>

<!-- /Elements/paginations/simple.php -->
<?php $this->BcBaser->pagination('simple'); ?>
```

● BlogHelper

$this->Blog は BlogHelper クラスです。 BlogHelper は lib/Baser/Plugin/Blog/View/Helper/BlogHelper.php に定義されています。たとえば $this->Blog->title() とメソッドを呼び出すことでブログのタイトルを出力します。

● $posts

$posts はコントローラーから set メソッドで渡された記事一覧の情報が格納されています。繰り返し構文の foreach で $posts から記事を取り出して表示します。

▼記事一覧を表示している部分　SOURCE CODE

```
<article class="post clearfix">
    <?php $this->Blog->eyeCatch($post,
        array('link' => false, 'width' => 300)) ?>
    <h4><?php $this->Blog->postTitle($post) ?></h4>
    <?php $this->Blog->postContent($post, false, false) ?>
    <div class="meta">
        <?php $this->Blog->category($post) ?>
         
        <?php $this->Blog->postDate($post) ?>
         
        <?php $this->Blog->author($post) ?>
        <?php $this->BcBaser->element('blog_tag',
            array('post' => $post)) ?>
    </div>
</article>
    <?php endforeach; ?>
```


● ページング

記事の数が「一覧表示件数」の値を超えた場合ページングの処理が行われます。「一覧表示件数」は初期状態で10に設定されています。この値は管理サイトのブログの設定から変更することができます。

▼ページング処理　SOURCE CODE

```
<!-- /Elements/paginations/simple.php -->
<?php $this->BcBaser->pagination('simple'); ?>
```

10件を超えた場合、下図のようなページング項目が表示されます。

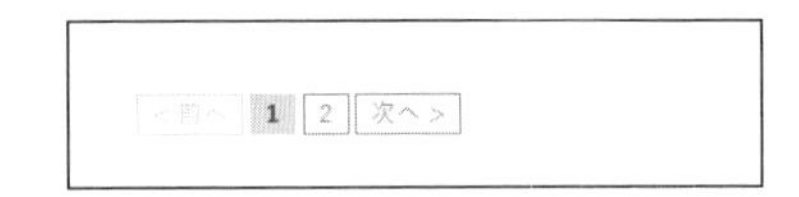

◆ archives

投稿者別やカテゴリ別、年月別などのアーカイブに対応する画面です。`http://{baserCMSインストールルート}/news/archives/author/admin` などのURLのページです。この画面は `theme/bc_sample/Blog/default/archives.php` で定義されています。

◆シングルページ

一覧から各記事のリンクをクリックした先のページです。 `http://{baserCMSインストールルート}/news/archives/2` などのURLに記事IDを指定した際に表示されるページです。この画面は `theme/bc_sample/Blog/default/single.php` で定義されています。

シングルページには下部にコメントを表示・入力するエリアがあります。

`single.php` のコメント表示部分は次のようにエレメントとして別に定義されています。

▼コメント表示部分 SOURCE CODE

```
<!-- /Elements/blog_comennts.php -->
<?php $this->BcBaser->element('blog_comments') ?>
```

`blog_comennts.php` は `theme/bc_sample/Elements/blog_comments.php` に定義されています。

◆ パーツ用

トップページに表示されているような記事一覧を表示するためのURLです。`http://{baserCMSインストールルート}/news/posts/1` などのURLで表示することができます。パーツ用の画面は `theme/bc_sample/Blog/default/posts.php` に定義されています。

1
2 デザインカスタマイズ入門
3
4
5

- 2019.09.25
  サンプル記事
  サンプル記事の概要
- 
  2019.09.25
  新商品を販売を開始しました。
  新商品を販売を開始しました。新商品を販売を開始しました。新商品を販売を開始しました。新商品を販売を開始しました。新商品を販売を開始しました。
- 
  2019.09.25
  ホームページをオープンしました
  本文が入ります。本文が入ります。本文が入ります。本文が入ります。本文が入ります。本文が入ります。本文が入ります。本文が入ります。本文が入りま

▼posts.php

SOURCE CODE

```
<?php
/**
 * パーツ用ブログ記事一覧
 *
 * BcBaserHelper::blogPosts( コンテンツ名, 件数 ) で呼び出す
 * (例)<?php $this->BcBaser->blogPosts('news', 3) ?>
 */
?>

<?php if ($posts): ?>
<ul class="post-list">
    <?php foreach ($posts as $key => $post): ?>
        <?php
        $class = array('clearfix', 'post-' . ($key + 1));
        if ($this->BcArray->first($posts, $key)) {
            $class[] = 'first';
        } elseif ($this->BcArray->last($posts, $key)) {
            $class[] = 'last';
        }
        ?>
    <li class="<?php echo implode(' ', $class) ?>">
        <?php $this->Blog->eyeCatch($post,
            array('width' => 150, 'link' => false)) ?>
        <p><?php $this->Blog->postDate($post, 'Y.m.d') ?><br>
        <?php $this->Blog->postTitle($post) ?><br>
        <?php $this->Blog->postContent($post, false, false, 70) ?></p>
    </li>
```

▼

```
    <?php endforeach; ?>
</ul>
<?php else: ?>
<p class="no-data"><?php echo __('記事がありません。'); ?></p>
<?php endif ?>
```

パーツ用はトップページのコンテンツで次のように利用されています。

▼トップページのコンテンツ　SOURCE CODE

```
<h2>新着情報</h2>
<?php $this->BcBaser->blogPosts('news', 5) ?></div>
```

メールフォーム

メールフォーム用のページは大きく、投稿ページ、確認ページ、送信完了ページページ、非公開時表示ページの4つです。

◆投稿ページ

メールフォームの文言を入力する画面です。

投稿ページのコンテンツは theme/bc_sample/Mail/default/index.php に記載されています。

▼index.php

SOURCE CODE

```
<?php
/**
 * メールフォーム
 * 呼出箇所：メールフォーム
 */
?>


<h2><?php $this->BcBaser->contentsTitle() ?></h2>

<h3><?php echo __('入力フォーム') ?></h3>

<?php if ($this->Mail->descriptionExists()): ?>
    <div class="mail-description">
        <?php $this->Mail->description() ?>
    </div>
<?php endif ?>

<div>
    <?php $this->BcBaser->flash() ?>
    <!-- /Elements/mail_form.php -->
    <?php $this->BcBaser->element('mail_form') ?>
</div>
```

フォームは mail_form エレメントで出力します。 mail_form エレメントの実装は theme/bc_sample/Elements/mail_form.php に記載されています。

フォームの各項目の出力は mail_form.php 内で呼び出している mail_input エレメントで行っています。

▼「mail_form.php」のフォーム出力部分

SOURCE CODE

```
<table cellpadding="0" cellspacing="0" class="row-table-01">
    <?php $this->BcBaser->element('mail_input', array('blockStart' => 1)) ?>
</table>
```

`mail_input` エレメントのコードは `theme/bc_sample/Elements/mail_input.php` に記載されています。

▼「mail_input.php」の一部　SOURCE CODE

```
if (!empty($mailFields)) {

    foreach ($mailFields as $key => $record) {
        // 省略 フォームの項目を出力する処理
    }
}
```


コントローラーから渡された `$mailFields` に格納されているフォームの項目を `foreach` で繰り返し出力しています。

◆確認ページ

入力されたフォームの項目を確認するための画面です。

確認ページのコンテンツは `theme/bc_sample/Mail/default/confirm.php` に記載されています。

▼「confirm.php」の項目出力部分

SOURCE CODE

```
<!-- /Elements/mail_form.php -->
<?php $this->BcBaser->element('mail_form') ?>
```

投稿ページと同様に `mail_form` エレメントと `mail_input` エレメントを使用していますが、確認画面の場合は `$freezed` が `true` になり確認画面用の出力を行います。

▼「mail_input.php」の一部

SOURCE CODE

```
if (!$freezed || $this->Mailform->value("MailMessage." .
    $field['field_name']) !== '') {

    echo '<span class="mail-after-attachment">' .
        $field['after_attachment'] . '</span>';
}
if (!$freezed) {
    echo '<span class="mail-attention">' .
        $field['attention'] . '</span>';
}
```

◆送信完了ページ

確認ページを経由して、送信が完了した画面です。

送信完了ページのコンテンツは `theme/bc_sample/Mail/default/submit.php` に記載されています。

◆非公開時表示ページ

期間終了などでメールフォームが受付中止になった場合に表示されるページです。

非公開時表示ページのコンテンツは、`theme/bc_sample/Mail/default/unpublish.php`に記載されています。

エレメント

エレメントはフッターやヘッダーといったページの一部として利用できる再利用可能なパーツです。たとえば、ヘッダーは次のように呼び出します。

▼ヘッダーを表示する　SOURCE CODE

```
<!-- /Elements/header.php -->
<?php $this->BcBaser->header() ?>
```

ヘッダーやフッターといったエレメントはヘルパークラス（`$this->BcBaser`）に専用のメソッドが用意されていますが、それ以外もファイル名を指定して呼び出すことができます。

▼「mail_form.php」を表示する　SOURCE CODE

```
<!-- /Elements/mail_form.php -->
<?php $this->BcBaser->element('mail_form') ?>
```

bc_sampleテーマのエレメントは`theme/bc_sample/Elements`以下に配置されています。

◆blog_comments

ブログの単一記事ページで表示されるコメントの一覧を表示するためのエレメントです。

この記事へのコメント

≫ 西村テスト
コメントテスト

≫ nishimura
コメントテンスト2

コメントを送る

お名前.ニックネーム＊

Eメール＊
※ Eメールは公開されません

URL

コメント＊

◆blog_comment

`blog_comments` エレメント内で呼び出されコメントの1件分を出力するエレメントです。

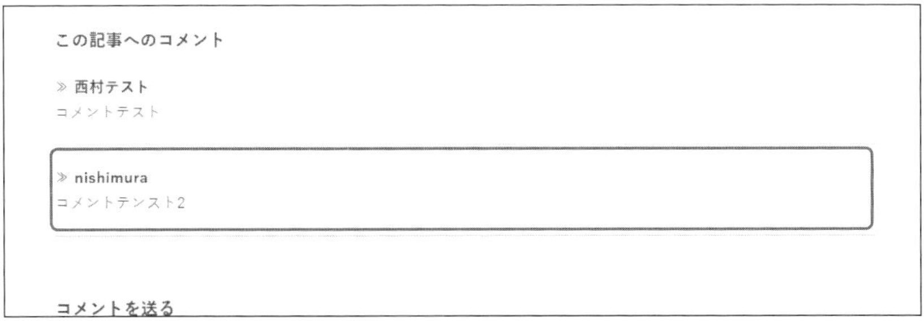

この記事へのコメント

≫ 西村テスト
コメントテスト

≫ nishimura
コメントテンスト2

コメントを送る

◆ blog_tag

ブログのタグ一覧を表示するエレメントです。

新商品を販売を開始しました。

新商品を販売を開始しました。新商品を販売を開始しました。新商品を販売を開始しました。新商品を販売を開始しました。

新商品を販売を開始しました。新商品を販売を開始しました。新商品を販売を開始しました。新商品を販売を開始しました。
詳細が入ります。詳細が入ります。詳細が入ります。詳細が入ります。詳細が入ります。詳細が入ります。詳細が入ります。

詳細が入ります。詳細が入ります。詳細が入ります。詳細が入ります。詳細が入ります。詳細が入ります。詳細が入ります。

詳細が入ります。詳細が入ります。詳細が入ります。詳細が入ります。詳細が入ります。詳細が入ります。詳細が入ります。

プレスリリース 2019/09/25 admin
タグ：新製品

◆ contents_navi

固定ページ下部などに表示される次のコンテンツへのリンクです。

◆ crumbs

トップページ以外に表示されるパンくずナビです。

◆ footer

ページのフッターとして表示されるエレメントです。

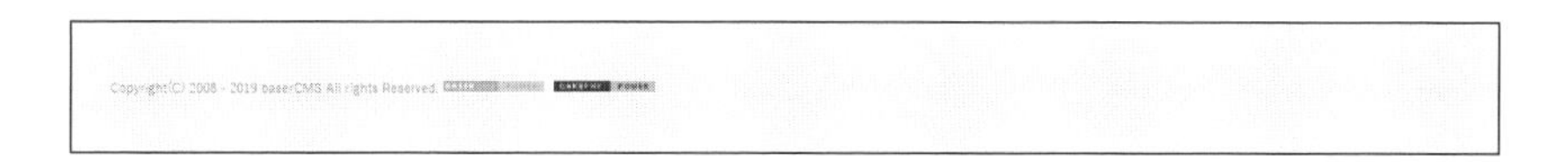

◆ global_menu

ヘッダー下部に表示されるナビゲーションです。

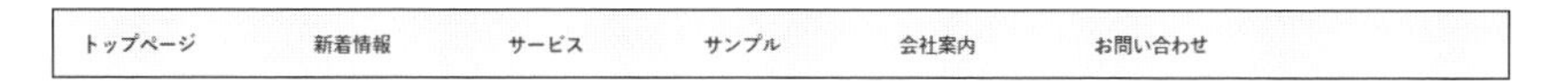

◆ google_analytics

Google Analyticsのタグを出力するためのエレメントです。Google Analyticsの設定は管理サイトの「設定」→「サイト基本設定」の「外部サービス設定」を展開表示した「Google AnalyticsトラッキングID」項目で設定することができます。

◆google_maps

Google Mapを出力するためのエレメントです。Google Mapの設定は管理サイトの「設定」→「サイト基本設定」の「外部サービス設定」を展開表示した「Google Maps住所」項目で設定することができます。「会社案内」ページなどでGoogle Mapを利用しています。

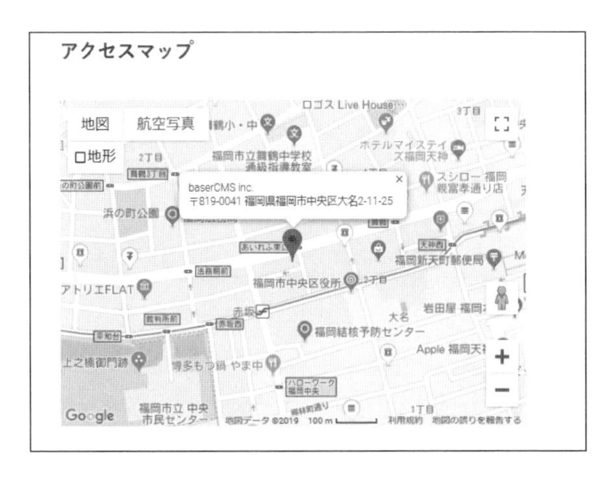

◆header

ヘッダーを表示するためのエレメントです。

◆list_num

サイト内検索の結果を表示するためのエレメントです。

検索結果一覧

サンプル で検索した結果 1〜10件目 / 13 件

表示件数
10 | 20 | 50 | 100

サンプル記事

サンプル記事の概要 サンプル記事の本文

http://localhost/news/archives/3

サンプル記事2 copy

サンプル記事2の概要 サンプル記事2の本文

http://localhost/news/archives/10

サンプル記事2 copy

サンプル記事2の概要 サンプル記事2の本文

◆mail_form

メールフォームページのコンテンツを表示するためのエレメントです。

◆ mail_input

メールフォームのフィールドを表示するためのエレメントです。 `mail_form` エレメント内で呼び出されます。

◆ widget_area

ウィジットエリアを表示するためのエレメントです。ウィジットエリアについては後述します。

◆ paginations

ページネーションリンクを表示するためのエレメントです。

ファイルは `theme/bc_sample/Elements/paginations/simple.php` です。

◆ smartphone

`theme/bc_sample/Elements/paginations/smartphone` 以下のファイルはスマートフォン用のエレメントです。

◆ widgets

`theme/bc_sample/Elements/paginations/widgets` 以下のファイルはウィジットエリアに配置できるパーツ用のエレメントです。

ウィジットエリア

ウィジットエリアは管理サイトからパーツを選択して表示することができます。HTMLやPHPがわからないサイト管理者でも自由にパーツを変更することができます。

bc_sampleテーマではウィジットエリアは固定ページとブログの左ナビゲーションとして表示されています。管理サイトでウィジットエリアを編集するには「設定」→「ユーティリティ」→「ウィジットエリア」をクリックします。

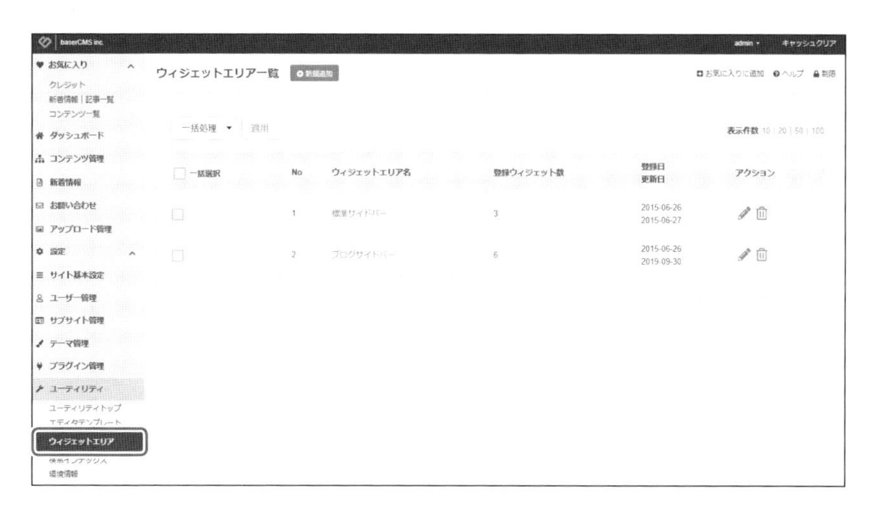

固定ページ用のウィジットエリアは「標準サイドバー」、ブログ用のウィジットエリアは「ブログサイドバー」です。

ウィジットエリアのファイルは `theme/bc_sample/Elements/widgets` に配置されています。

◆ blog_author_archives.php

ブログ用の投稿者別一覧です。

ブログ投稿者一覧
admin

◆ blog_calendar.php

ブログ用のカレンダーです。

◆ blog_category_archives.php

ブログ用のカテゴリ別一覧です。

カテゴリー一覧
プレスリリース

◆ blog_monthly_archives.php

ブログ用月別一覧です。

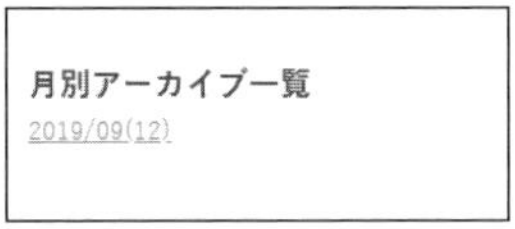

月別アーカイブ一覧
2019/09(12)

◆ blog_recent_entries.php

ブログ用最近の投稿一覧です。

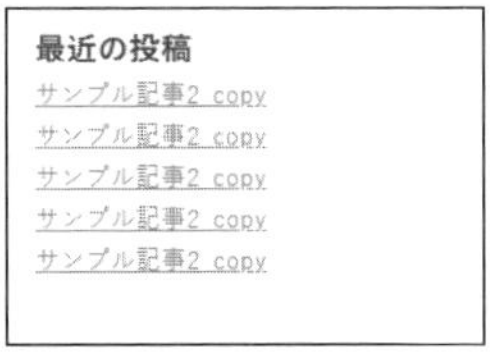

最近の投稿
サンプル記事2 copy
サンプル記事2 copy
サンプル記事2 copy
サンプル記事2 copy
サンプル記事2 copy

◆ blog_yearly_archives.php

ブログ用年別一覧です。

年別アーカイブ一覧
2019年

◆ blog_tag_archives.php

ブログ用タグ別一覧です。このファイルは `theme/bc_sample/Elements/widgets` ではなく `lib/Baser/Plugin/Blog/View/Elements/widgets` に配置されています。

ウィジットエリアに限らずbaserCMSではテーマフォルダ（`theme/{テーマ名}`）にない場合はプラグインフォルダ（`lib/Baser/Plugin/{プラグイン名}/View/`）を探します。それでも見つからない場合はコアフォルダ（`lib/Baser/View/`）を探します。

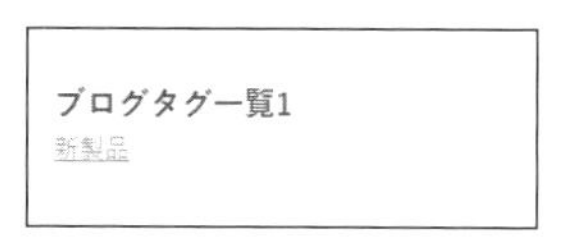

◆ local_navi.php

同一階層の固定ページを一覧表示します。サービスフォルダ内のサービス1、サービス2、サービス3ページは同じ階層です。

◆ php_template.php

別のウィジェットを読み込むことができます。新規に作成したウィジェットを指定するなどの用途があります。

◆ search.php

サイト内検索を表示します。

サイト内検索
カテゴリ
指定しない
キーワード
検索

◆ text.php

管理サイトからHTMLを自由に入力して表示します。

ファイルの読み込み優先度

baserCMSを触っていると同じようなファイルが別のフォルダに配置されていることに戸惑うことがあると思います。

たとえば、ウィジットエリアの多くのファイルは `theme/bc_sample/Elements/widgets` 以下にありましたが、`blog_tag_archives.php` は `lib/Baser/Plugin/Blog/View/Elements/widgets` 以下に存在しました。

これはbaserCMSがファイルを探す際にいくつかのフォルダに対して走査を行うためです。

◆ Viewファイル

エレメントやレイアウトファイルといったHTMLとPHPが記載されたViewファイルの読み込みについて解説します。

bc_sampleというテーマのサイトで `/Elements/Widgets/` 以下のウィジット一覧を取得する場合の処理を例に流れを解説します。なお、同名のファイルが存在する場合は、上記の順番が早いものが優先されます。

❶テーマのフォルダ

まず、テーマのフォルダ `theme/bc_sample/Elements/Widgets/` 以下を探します。

❷appフォルダ

続いて `app/View/Elements/widgets` を探します。

❸appプラグインフォルダ（対象がプラグインの場合のみ）

対象ファイルがプラグインの場合、`app/Plugin/Blog/View/Elements/widgets` を探します。

❹コアフォルダ

最後に `/lib/Baser/Plugin/Blog/View/Elements/widgets` を探します。対象ファイルがプラグインではない場合は `/lib/Baser/View/Elements/widgets` を探します。

◆ アセットファイルの読み込み

JavaScriptやCSS、画像といったアセットファイルの読み込みついて解説します。

bc_sampleというテーマのサイトで sample.jpg ファイルを探す際の処理の流れを解説します。これの流れは css や js フォルダでも同様です。

❶テーマのフォルダ

まず /theme/bc_sample/img を探します。画像のURLは http://{baserCMSのインストールルート}/theme/bc_sample/img/sample.jpg です。

❷ルートフォルダ

続いて /img を探します。画像のURLは http://{baserCMSのインストールルート}/img/sample.jpg です。

❸プラグインフォルダ

app/Plugin/{プラグイン名}/webroot/img を探します。画像のURLはルートフォルダ同様に http://{baserCMSのインストールルート}/img/sample.jpg です。

❹コアフォルダ

lib/Baser/webroot/img/ を探します。画像のURLは http://{baserCMSのインストールルート}/img/sample.jpg です。

❺コアプラグインフォルダ

lib/Baser/Plugin/{プラグイン名}/webroot/img を探します。画像のURLは http://{baserCMSのインストールルート}/img/sample.jpg です。

◆ アセットの保存場所

アセットの保存場所として lib 以下のコアフォルダは基本的に触るべきではありません。残りはテーマフォルダとルートフォルダ、プラグインフォルダです。

テーマフォルダに配置した場合はテーマを変更した際に利用できなくなるデメリットがありますが、テーマ内で利用している場合はテーマを他のサイトに移行した際に合わせて移行する際に便利です。プラグインでも同じことがいえます。

ルートフォルダに配置した場合は、テーマを削除しても画像はアクセスできます。しかしテーマを別のサイトに移す際には個別にコピーして移す必要があります。

そのアセットがサイト固有のものであるか、テーマなどに依存するものであるかで配置する場所を選択するとよいでしょう。

- **ver4/ファイル読み込みの優先順位**
  URL http://wiki.basercms.net/ver4/ファイル読み込みの優先順位

ヘルパークラスを知る

ヘルパークラスはHTMLタグを生成するための便利な機能を集めたクラスです。WordPressでいう「テンプレートタグ」のようなものです。

baserCMSでは `BcBaserHelper` というクラスを頻繁に利用します。 `BcBaserHelper` は `lib/Baser/View/Helper/BcBaserHelper.php` に定義されています。

`BcBaserHelper` はViewファイルで `$this->BcBaser` フィールドからメソッドを呼び出して使用することができます。たとえば、ヘッダーを表示する場合は次のように記述します。

▼ヘッダーを表示するコード　SOURCE CODE

```
<?php $this->BcBaser->header() ?>
```

◆ 主な機能

ヘルパークラスの主な機能を紹介します。

- content

そのページの固有コンテンツを表示します。

```
$this->BcBaser->content();
```

- header

ヘッダーを表示します。

```
$this->BcBaser->header();
```

- footer

フッターを表示します。

```
$this->BcBaser->footer();
```

2 デザインカスタマイズ入門

●flash

エラーが発生した場合のエラーメッセージを表示します。

```
$this->BcBaser->flash();
```

●element

指定したファイル名のエレメントを表示します。

```
$this->BcBaser->element('sidebar');
```

●title

ページのタイトルを表示します。

```
$this->BcBaser->title();
```

●metaDescription

メタタグのdescriptionを表示します。

```
$this->BcBaser->metaDescription();
```

●metaKeywords

メタタグのkeywordを表示します。

```
$this->BcBaser->metaKeywords();
```

●icon

ファビコンを表示します。

```
$this->BcBaser->icon();
```

● css

CSSのタグを出力します。

```
$this->BcBaser->css([
    '../js/admin/vendors/bootstrap-4.1.3/bootstrap.min',
    'admin/style.css',])
?>
```


● js

JavaScriptのタグを出力します。

```
$this->BcBaser->js([
    'admin/vue.min',
    'admin/vendors/jquery-2.1.4.min',
    'admin/permission'
])
```

● getUrl

インストールルートを考慮したURLを表示します。

```
$this->BcBaser->getUrl('/about');
```

● img

画像タグを出力します。

```
$this->BcBaser->img('admin/icon_folder.png',
    ['alt' => $data['name']]);
```

● mainImage

トップページのメイン画像を表示します。

```
$this->BcBaser->mainImage(array('all' => true, 'num' => 5, 'width' => "100%"));
```

● crumbsList

パンくずリストを表示します。

```
$this->BcBaser->crumbsList();
```

● globalMenu

グローバルメニューを表示します。

```
$this->BcBaser->globalMenu(2);
```

● contentsNavi

コンテンツナビを表示します。

```
$this->BcBaser->contentsNavi();
```

● widgetArea

ウィジェットエリアを表示します。

```
$this->BcBaser->widgetArea();
```

新しいテーマを作成する

テーマにはレイアウトファイルや、エレメント、画像やCSSといったアセットを1つにまとめることができます。テーマを切り替えることでサイトの見た目を素早く切り替えることができます。

「ファイルの読み込み優先度」で説明した通り、テーマフォルダにファイルがない場合は `app` 以下や `lib` 以下の同名ファイルが使用されます。

サイトを表示するためのファイルは基本的に `app` 以下や `lib` 以下にひな形があるので、必要最小限のテーマは何もファイルがないフォルダだけのテーマということになります。

◆最小限のテーマを作成する

それではフォルダだけのテーマを作成してみましょう。`theme` フォルダに新しいフォルダを作成します。ここでは `sample_theme` とします。

管理サイトの「設定」→「テーマ管理」をクリックします。

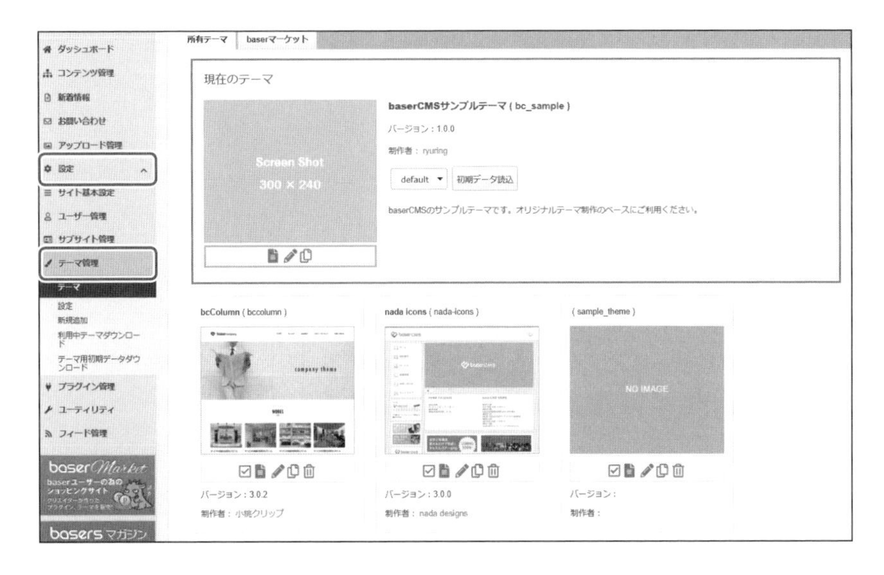

テーマの一覧に「sample_theme」が表示されているので、下部のアイコンから一番左側のチェックアイコンをクリックします。

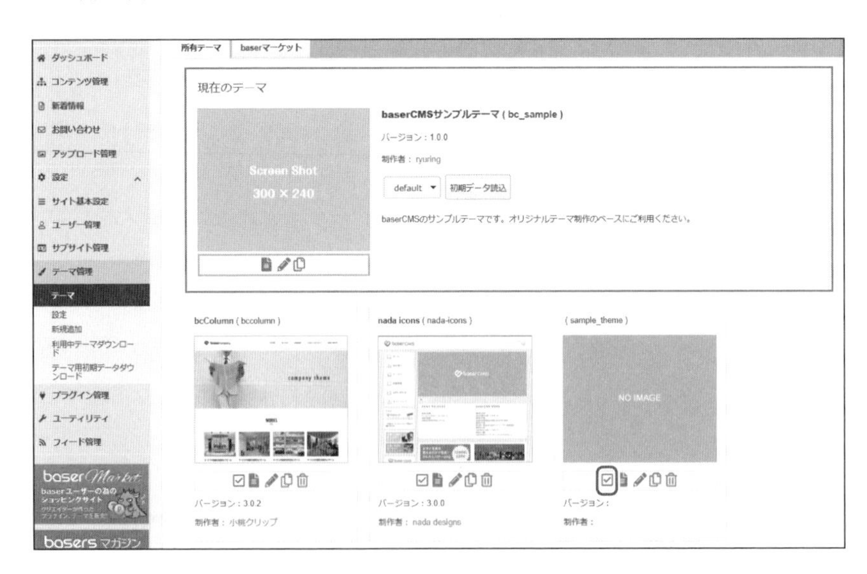

現在のテーマに「sample_theme」が表示されれば適用成功です。

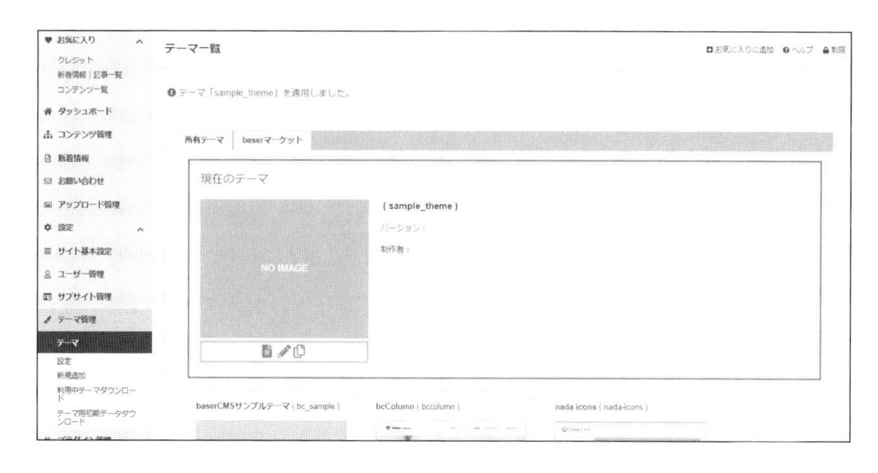

フロントサイトを表示してみます。

上図のようにbc_sampleテーマとは異なりますが、ページが表示されました。これは前述のファイル読み込みの優先順位に従い、`app` または `lib/Baser` 以下の同名ファイルが読み込まれたためです。

このように0からテーマを作成しても構いませんが、初期構成から大きくデザインを変えない場合はbc_sampleやbcColumnなどのテーマをベースにデザインを変更していくことも可能です。

◆テーマの情報を更新する

テーマのアイコンを変更するにはテーマフォルダ直下に `screenshot.png` を配置します。テーマの説明文を変更するにはテーマフォルダの直下に `config.php` を配置します。

▼config.php　SOURCE CODE

```
<?php
$title = __d('baser', 'サンプルタイトル');
$description = __d('baser', 'サンプル説明文');
$author = 'sample author';
$url = 'http://sample_basercms_site/';
```

テーマのバージョンを表示するにはテーマフォルダ直下に `VERSION.txt` を配置します。 `VERSION.txt` の1行目の値がバージョンとして表示されます。

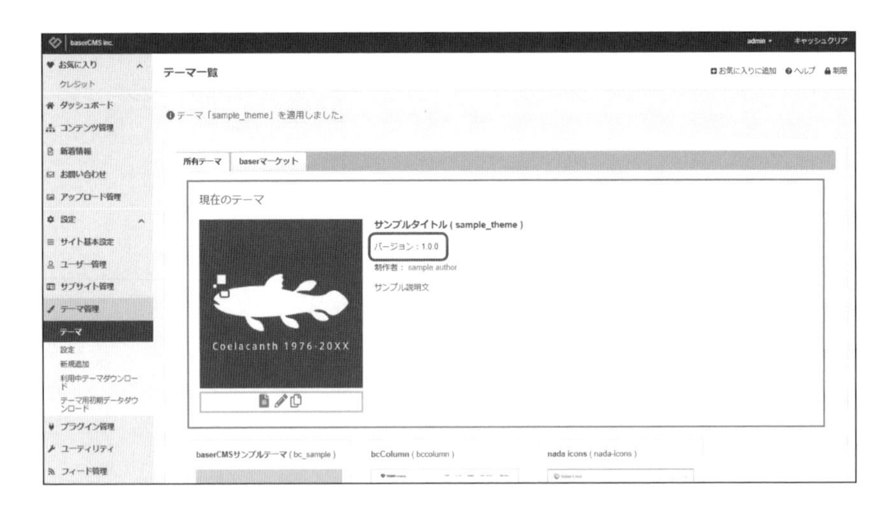

この項目の最終ファイルは「002/sample_002_002」です。

◆レイアウトを追加する

sample_theme フォルダの下に Layouts というフォルダを作成し、次のように記述した default.php を配置します。

▼default.php SOURCE CODE

```
<!DOCTYPE html>
<html>
<head>
  <meta http-equiv="Content-Type" content="text/html; charset=utf-8" />
  <title>baserCMS inc.</title>
</head>
<body>
<p>sample</p>
</body>
</html>
```

トップページにアクセスすると「sample」とだけ表示されます。

◆コンテンツを表示する

ヘルパークラスを利用してページのコンテンツを表示するように変更します。default.php を書き換えます。

▼default.php SOURCE CODE

```
<!DOCTYPE html>
<html>
<head>
  <meta http-equiv="Content-Type" content="text/html; charset=utf-8" />
  <title>baserCMS inc.</title>
</head>
<body>
<?php $this->BcBaser->content() ?>
</body>
</html>
```

$this->BcBaser->content() はそのページ固有のコンテンツを表示するメソッドです。合わせて DOCTYPE や charset 、title などをヘルパークラスを利用して出力するように変更します。

▼default.php　SOURCE CODE

```
<?php $this->BcBaser->docType('html5') ?>
<html>
<head>
    <?php $this->BcBaser->charset() ?>
    <?php $this->BcBaser->title() ?>
</head>
<body>
<?php $this->BcBaser->content() ?>
</body>
</html>
```


トップページにアクセスするとページのコンテンツが表示されます。

新着情報 467 users

- 2016.08.12
  新商品を販売を開始しました。
- 2016.08.12
  ホームページをオープンしました

baserCMS

この項目の最終ファイルは「002/sample_002_003」です。

◆ CSSの読み込み

CSSの読み込みを追加します。今回はbc_sampleのスタイルを流用します。

`theme/bc_sample/css/style.css` ファイルを `theme/sample_theme/css/` フォルダにコピーします。 `css` フォルダはまだ作成していないので新規に作成してください。 `theme/sample_theme/Layouts/default.php` を次のように書き換えます。

▼default.php　SOURCE CODE

```
<?php $this->BcBaser->docType('html5') ?>
<html>
<head>
    <?php $this->BcBaser->charset() ?>
    <?php $this->BcBaser->title() ?>
```

```
    <?php $this->BcBaser->css(array('style')) ?>
</head>
<body>
<?php $this->BcBaser->content() ?>
</body>
</html>
```

ページを更新すると下図のようにスタイルが適用されているのがわかります。

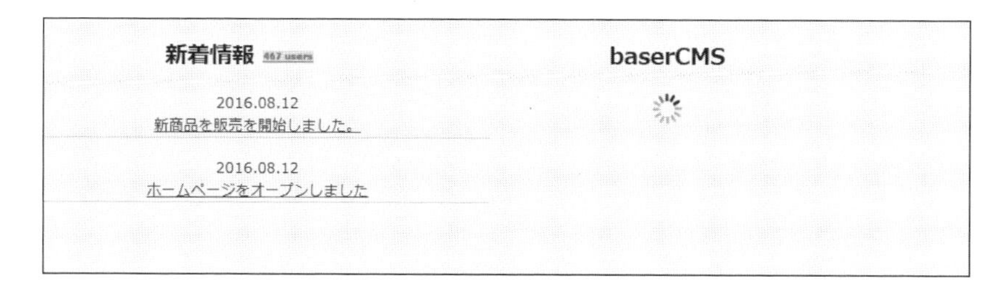

この項目の最終ファイルは「002/sample_002_004」です。

◆ナビゲーションの表示

このままでは他のページに移動できないのでナビゲーションを表示します。theme/sample_theme/Layouts/default.php を次のように書き換えます。

▼default.php SOURCE CODE

```
<?php $this->BcBaser->docType('html5') ?>
<html>
<head>
    <?php $this->BcBaser->charset() ?>
    <?php $this->BcBaser->title() ?>
    <?php $this->BcBaser->css(array('style')) ?>
</head>
<body>
<nav>
    <?php $this->BcBaser->globalMenu(2) ?>
</nav>
    <div id="Wrap" class="clearfix">
        <section id="ContentsBody" class="contents-body">
            <?php $this->BcBaser->content() ?>
        </section>
```

```
    </div>
</body>
</html>
```

メニューはヘルパークラスを利用して `$this->BcBaser->globalMenu(2)` という記述で呼び出します。

ページを更新すると下図のようにメニューが表示されます。メニューのリンクをクリックするとスタイルは調整の余地がありますが、各ページが正常に表示できているのがわかります。

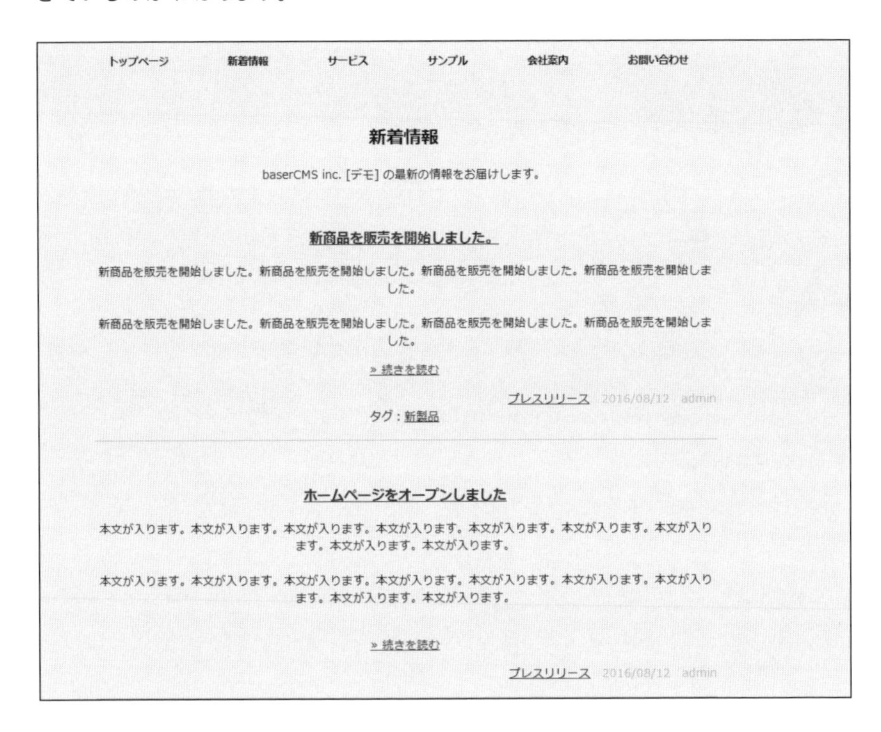

この項目の最終ファイルは「002/sample_002_005」です。

◆ ヘッダー、フッターを表示する

最後にヘッダーとフッターを出力します。

`theme/bc_sample/Elements/header.php` を `theme/sample_theme/Elements/` 以下にコピーし、`theme/bc_sample/img/logo.png` を `theme/sample_theme/img/` 以下にコピーします。

theme/sample_theme/Layouts/default.php を次のように書き換えます。

▼default.php　SOURCE CODE

```
<?php $this->BcBaser->docType('html5') ?>
<html>
<head>
    <?php $this->BcBaser->charset() ?>
    <?php $this->BcBaser->title() ?>
    <?php $this->BcBaser->css(array('style')) ?>
</head>
<body>
    <?php $this->BcBaser->header() ?>
<nav>
    <?php $this->BcBaser->globalMenu(2) ?>
</nav>
    <div id="Wrap" class="clearfix">
        <section id="ContentsBody" class="contents-body">
            <?php $this->BcBaser->content() ?>
        </section>
    </div>
    <?php $this->BcBaser->footer() ?>
</body>
</html>
```

ページを更新すると下図のようにヘッダー、フッターが表示されます。

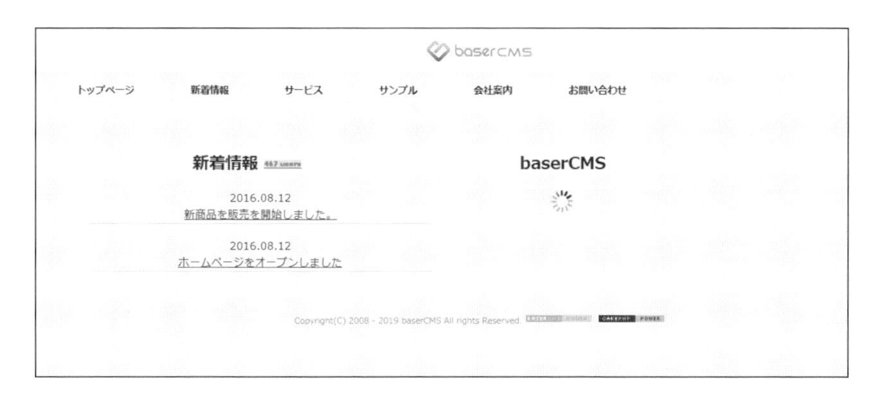

この項目の最終ファイルは「002/sample_002_006」です。

今回は練習のためにファイルが何もないフォルダからテーマを作成しましたが、実際に新しいテーマを作成する場合は既存のテーマをコピーして、必要なファイルを修正していく方が簡単でしょう。

デバッグ設定をデバッグモード2にしておけば、現在表示しているページで利用しているViewファイルの一覧を得ることができるので、デザインの編集が必要なファイルを確認するのに便利です。

◆初期データ

bc_sampleテーマを現在のテーマに設定した場合「初期データ読込」というボタンが表示されています。

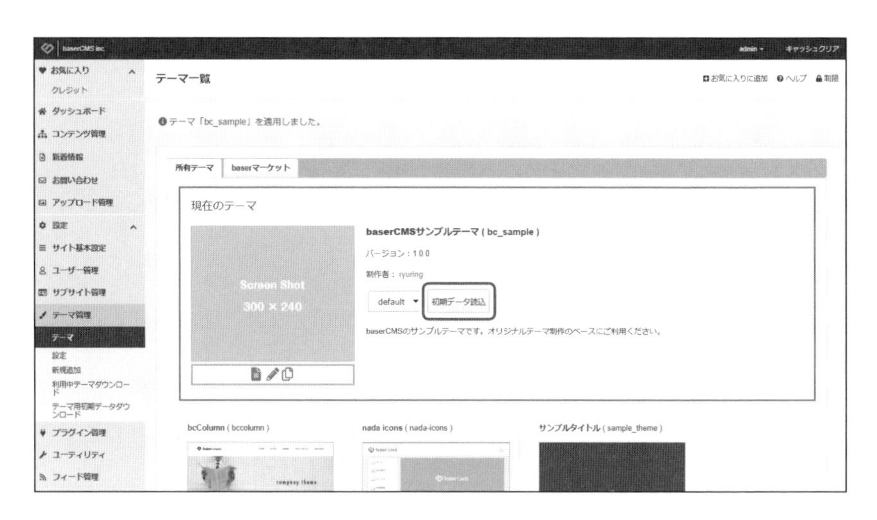

このボタンを押すことでテーマに合わせた初期データがデータベースに保存されます。インストール後に作成したページなどのデータが失われてしまうので気を付けてください。

「初期データ読込」ボタンはテーマフォルダ以下に`Config/data/default`というフォルダが存在し、データ初期化用のcsvファイルがあると表示されます。

初期化データの形式などはbc_sampleテーマのcsvファイルを参照してみてください。

CHAPTER 3
CakePHPの基礎

CakePHPの概要

ここでは、CakePHPの概要について説明します。

CakePHPとは

CakePHPは、PHPでWebアプリケーションを作成する際に利用するオープンソースのフレームワークです。RubyのフレームワークRuby on Railsの影響を強く受けており、ソースコードをModel、View、Controllerの3つの役割に分けてコーディングします。Model、View、Controllerの頭文字をとってMVCモデルと呼ばれます。

baserCMSはCakePHPをベースに機能を追加しCMSとして構築したものです。CakePHPの仕組みを知ることでbaserCMSの動作を理解しやすくなります。

MVC

MVCモデルではプログラミングコードをModel、View、Controllerの3つに分けて記述します。

◆View

画面の表示に関する定義を記述します。WebアプリケーションのViewでは多くの場合、HTMLというマークアップ言語とPHPなどのプログラミング処理による値の出力を組み合わせます。

▼HTMLとPHPで画面を定義する　SOURCE CODE

```
<p><?php echo h($sample);?></p>
```

上記コードでは変数 `$sample` の値が `sample value` の場合、最終的に出力されるHTMLは次のようになります。

▼最終的に出力されるHTML　SOURCE CODE

```
<p>sample value</p>
```

◆Model

Modelはプログラミングのロジック部分やデータベースの処理を記述します。CakePHPなどのフレームワークの場合、Modelの機能としてデータベースの処理をサポートしています。

◆Controller

Controllerは閲覧者のリクエストを受け取り、Modelを使用してViewに渡すためのデータを生成し、Viewにそれを渡す役割を持ちます。

CakePHPのMVC

CakePHPのMVCについて説明します。

◆CakePHPのView

PHPではSmartyやTwigといったViewエンジンといわれるライブラリを利用することが多いですが、CakePHPではデフォルトでViewで利用するためのヘルパークラスが用意されています。もちろん、SmartyやTwigを追加導入することもできます。

◆CakePHPのModel

CakePHPのModelではデータベースの操作をサポートしています。

データベースに保存されたデータは通常、SQLという問い合わせ文を用いて取り出します。たとえば、顧客データを保存した `customer` テーブルからデータを取得する場合は次のような問い合わせ文を利用します。

▼SQLの問い合わせ文

```
SELECT * FROM customer;
```

CakePHPではプログラミングのオブジェクトを扱うようにデータベースを操作することができます。

同じく、顧客データを保存した `customer` テーブルからデータを取得する場合、CakePHPでは次のように記述します。

▼CakePHPでデータを取得する　SOURCE CODE

```
$customers = $this->Customer->find('all');
```

データベースはテーブル間の関係(リレーション)を利用してデータを定義することからリレーショナルデータベースと呼ばれます。プログラミングのクラスや変数はオブジェクトです。

CakePHPのModelのように、リレーショナルデータベースのデータを、あたかもオブジェクトを扱うように記述することができる機能を、それぞれの頭文字(オブジェクトのOとリレーショナルデータベースのR)をとってO/Rマッパーと呼びます。

◆ CakePHPのController

CakePHPのControllerは、まずブラウザからのリクエストに対してどのメソッドが処理を行うかを決定するルーティングを行います。たとえば、`http://localhost/home/index`というURLへのリクエストを`HomeController`クラスの`Index`メソッドで処理するという具合です。

▼ルーティングにより「Index」メソッドが呼び出される　SOURCE CODE

```
class HomeController extends AppController {
    // /home/indexへのアクセスを処理するメソッド
    public function Index() {
        $this->set('sample', 'sample value');
    }
}
```

このURLに対して処理を行うメソッドをアクションといいます。アクションではGETやPOSTで渡された値を受け取り、必要に応じてModelを利用してViewに渡すデータを生成します。

CakePHPのインストール

ここでは、CakePHPのインストール方法やフォルダ構成について説明します。

CakePHPをインストールする

ここではWindows環境でCakePHPを動かす方法について解説します。Linux環境にインストールする場合は適宜、読み替えてください。

「XAMPPを導入する」の項に従ってXAMPPがWindows環境にインストールされているものとして進めます。

◆ CakePHPのダウンロード

本書執筆時のbaserCMS（バージョン4.2.1）で利用しているCakePHPはバージョン2.10.16です。今回はそれに合わせてCakePHPのバージョン2.10.16をダウンロードします。

CakePHPはGitHubで管理されており、各バージョンでタグが切られています。バージョン2.10.16は次のURLからダウンロードすることができます。

- **CakePHP 2.10.16**

  URL https://github.com/cakephp/cakephp/releases/tag/2.10.16

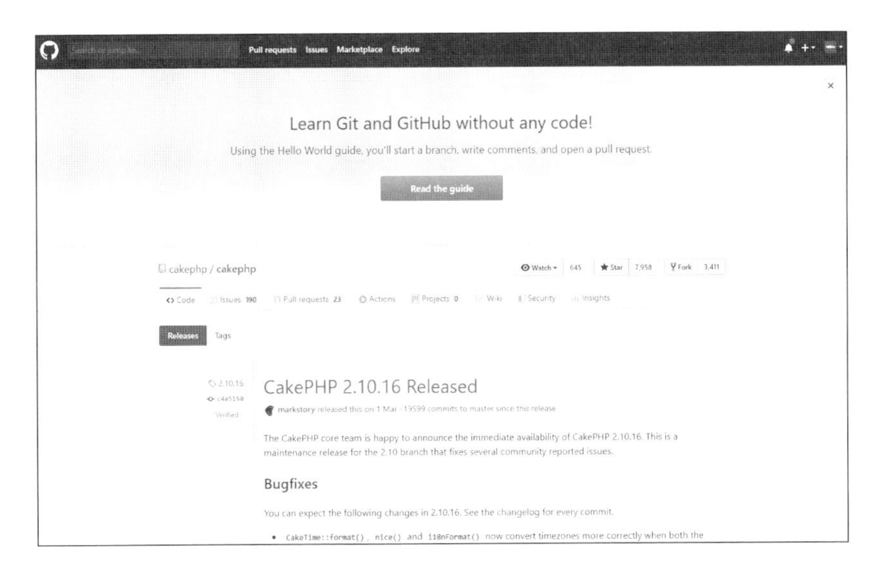

ページ下部の「Source code(zip)」をクリックしてファイルをダウンロードします。

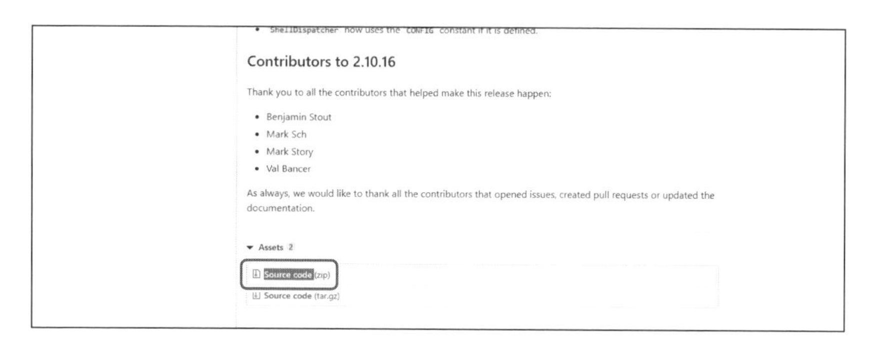

ダウンロードした `cakephp-2.10.16.zip` ファイルを解凍します。

◆ CakePHPの配置

解凍したファイルの中身をXAMPPで利用できるように配置します。

ドキュメントルート(デフォルトではC:¥xampp¥htdocs)はbaserCMSで利用しているものとして、今回は `C:¥xampp¥htdocs` に `cakephpsample` というフォルダを新規に作成し、その下にファイルを配置します。

`C:¥xampp¥htdocs¥cakephpsample` の下に解凍後の `cakephp-2.10.16` フォルダの中身をすべてコピーします。

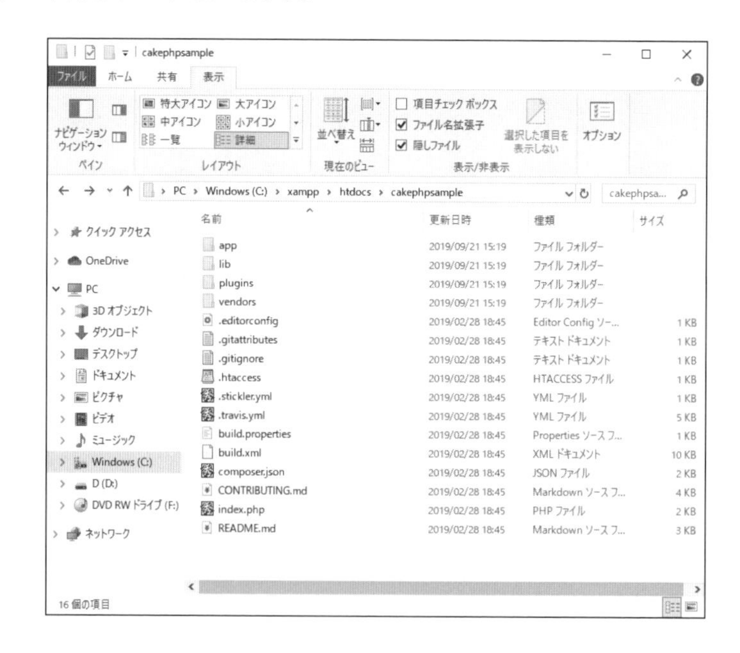

3 CakePHPの基礎

構成としては C:¥xampp¥htdocs¥cakephpsample の下に app や lib といったフォルダが配置されるようにしてください。

◆ ブラウザで表示してみる

この時点で http://localhost/cakephpsample/ にアクセスしてみます。

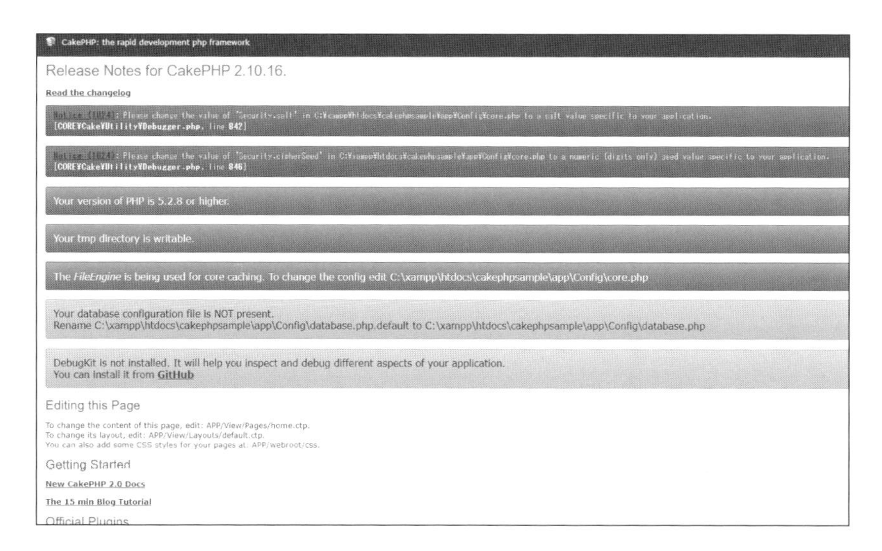

背景が赤、緑、黄色のメッセージが表示されました。

背景が赤のメッセージは修正する必要がある項目です。黄色は修正を行うように警告が出ている項目ですが、本書執筆時点のXAMPP構成の場合、黄色はデータベース接続に関するメッセージとデバックに関するものなので、データベースを利用しない最初はある程度の修正にとどめておきます。

赤のメッセージが緑に代わるように修正します。

◆「core.php」の修正

CakePHPをインストールしたフォルダ（本書の場合は C:¥xampp¥htdocs¥cakephpsample ）以下の app¥Config¥core.php を開き、Security.salt と Security.cipherSeed の値を変更します。なお、これ以降、フォルダやファイルのパスについて記述する場合は C:¥xampp¥htdocs¥cakephpsample 以下に続くパスを表記します。 app フォルダ以下の index.php というファイルであれば app/index.php という具合です（階層の区切りは / を利用しています）。

▼core.php SOURCE CODE

```
/**
 * A random string used in security hashing methods.
 */
    Configure::write('Security.salt', 'DYhG93b0qyJfIxfVo{省略}');

/**
 * A random numeric string (digits only) used to encrypt/decrypt strings.
 */
    Configure::write('Security.cipherSeed', '76859309657454{省略}');
```


Security.salt の DYhG93b0 から始まる文字列と、Security.cipherSeed の 768593 から始まる部分を別のランダムな文字列に変更します。

◆「database.php.default」のリネーム

データベースへの接続情報を記述するための database.php というファイルが app/Config 以下に必要ですが、初期状態では database.php.default というファイル名になっています。このファイルをリネームして database.php とします。

◆データベースの作成

リネームした database.php にデータベースへの接続情報を記述します。

まずは、その前にCakePHPで利用するためのデータベースを作成しておきます。

XAMPPのコントロールパネルからphpMyAdminを起動します。CakePHPで利用するためのSampleCakeというデータベースを作成します。

phpMyAdminの使い方やデータベースの作成については31ページを参考にしてください。

◆接続情報の記載

database.php を開き、$default の値を次のように書き換えます。

▼database.php SOURCE CODE

```
public $default = array(
    'datasource' => 'Database/Mysql',
    'persistent' => false,
    'host' => 'localhost',
```

```
    'login' => 'root',
    'password' => '',
    'database' => 'SampleCake',
    'prefix' => '',
    'encoding' => 'utf8',
);
```

http://localhost/cakephpsample/ を更新して「CakePHP is able to connect to the database.」というメッセージが表示されているなら、データベースへの接続は成功です。

これでCakePHPを利用する準備ができました。

CakePHPのフォルダ構成

CakePHPをフォルダおよび主なファイルについて解説します。

◆「app」フォルダ

開発者が作成したプログラミングファイルを配置するフォルダです。

◆「lib」フォルダ

CakePHPのコアファイルなどが配置されているフォルダです。CakePHPの本体に手を入れる必要がない限り、基本的に開発の際に編集することはありません。

◆「plugins」フォルダ

プラグインに関するファイルを配置するフォルダです。

◆「vendors」フォルダ

CakePHP以外のクラスライブラリなどを配置するフォルダです。

◆「index.php」

リクエストの起点となるファイルです。

プログラミングやデザインの際に修正されるファイルは基本的に app フォルダの中にあります。 app フォルダの中身については、これから実例を交えて解説していきます。

CakePHPを触ってみる

CakePHPはRubyのRuby on Railsというフレームワークの影響を受けていると書きましたが、Ruby on Railsには「設定より規約」という概念があります。

アプリケーションで通例とされる機能は設定ではなく規約とすることで、設定項目を減らすというような意味です。

Ruby on Rails(CakePHPも)の「設定より規約」の代表例がコントローラのルーティングです。下記がルーティングの一例です。

> 「http://{インストールディレクトリ}/home/index」というURLにリクエストがあった場合、「HomeController」の「Index」メソッドが実行される。

新規ページを作成する

それでは実際にファイルを作成して動作を体験してみましょう。

この項目の最終ファイルは「003/sample_003_001」で確認することができます。

◆「HomeController」の作成

Controllerのファイルは `app/Controller` に配置します。 `HomeController.php` というファイルを作成して次のように記述します。文字コードはUTF-8を指定します。

▼HomeController.php　SOURCE CODE

```
<?php
class HomeController extends AppController {
    public function Index() {
    }
}
```

http://localhost/cakephpsample/home/index にアクセスして表示を確認します。

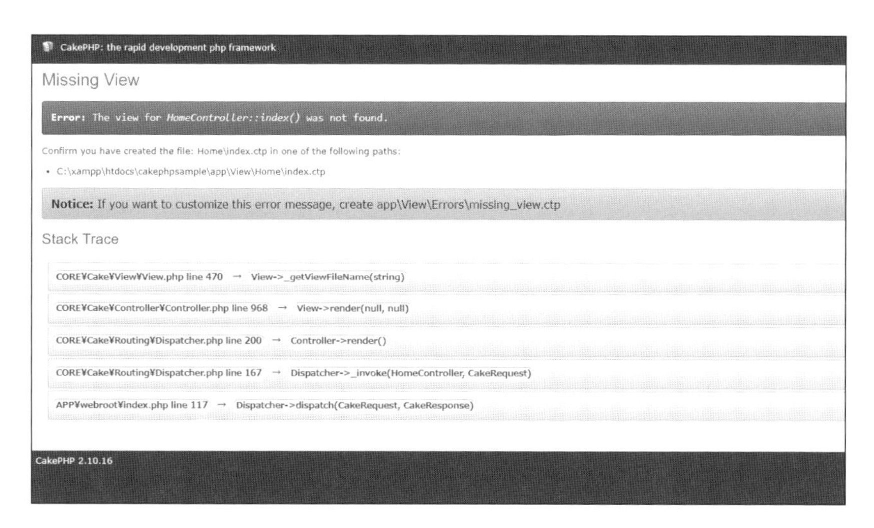

次のようにメッセージが表示されています。

```
Error: The view for HomeController::index() was not found.
```

これは、リクエストに対応するViewファイルがないというエラーです。Viewファイルは規約で app/View/Home/index.ctp というファイルを作成すれば、/home/index というリクエストに対応したViewファイルとなります。

◆Viewファイルの作成

app/View/Home/ 以下に index.ctp を作成し、次のように記述します。

▼index.ctp　SOURCE CODE

```
ホーム
```

ページを更新すると、下図のようにページが表示されます。

`index.ctp` にはホームとのみ記述しましたが、表示されたページには「Cake PHP: the rapid development php framework」と書かれたヘッダーと、「Cake PHP 2.10.16」と書かれたフッターが表示されています。

これはCakePHPのレイアウトの仕組みです。レイアウト内容は `app/View/Layouts` フォルダ以下の `default.ctp` というファイルに記述されています。

◆レイアウトを利用しない

レイアウトを利用しない場合は `HomeController.php` を次のように書き換えます。

▼HomeController.php　SOURCE CODE

```
<?php
class HomeController extends AppController {
    public function Index() {
        $this->autoLayout = false;
    }
}
```

ページを更新するとヘッダー、フッターのない、ホームとのみ書かれた画面が表示されます。

ホーム

ControllerからViewに値を渡す

Viewファイルには画面を定義するためのHTMLと動的に値を出力するためのPHPコードが混在します。ViewファイルにあまりPHPコードを書き過ぎると、プログラミングに詳しくないデザイナーなどが画面を編集するのが難しくなります。ViewファイルではPHPの処理は最低限に留め、値の生成などはModelで行い、Controllerを介してViewに渡し、Viewはその値を出力するようにするとよいでしょう。

ここではViewにControllerから値を渡す方法について解説します。

この項目の最終ファイルは「003/sample_003_002」で確認することができます。

◆Controllerから値を渡す

`app/Controller/HomeController.php`を次のように修正します。

▼Viewに値を渡す(HomeController.php)　SOURCE CODE

```
<?php
class HomeController extends AppController {
    public function Index() {
        $this->set('value', 'Viewに値を渡します');
    }
}
```

Viewに渡す場合は`set`メソッドを利用します。

▼書式

```
$this->set('変数名', 値);
```

◆Viewで渡された値を出力する

View側で渡された値を出力します。`app/View/Home/index.ctp`を次のように編集します。

▼index.ctp　SOURCE CODE

```
<h1>ホーム</h1>

<p><?php echo h($value); ?></p>
```

Controllerから`set`メソッドで渡した値はViewで`$value`のように変数として扱うことができます。`h()`はCakePHPのメソッドです。PHPの`htmlspecialchars`メソッドのようにエスケープ処理を行います。

リダイレクトを行う

あるURLへのリクエストを別のURLに遷移させることをリダイレクトといいます。CakePHPでリダイレクトを行ってみましょう。

この項目の最終ファイルは「003/sample_003_003」で確認することができます。

◆リダイレクト用のURLを作成する

app/Controller/HomeController.php を次のように修正します。

▼新しいページを作成する(HomeController.php)　SOURCE CODE

```
<?php
class HomeController extends AppController {
    public function Index() {
    }

    public function Sub() {
    }
}
```

新しく app/View/Home/ 以下に sub.ctp というファイルを作成し、次のように記述します。

▼サブページのView(sub.ctp)　SOURCE CODE

```
<h1>サブページ</h1>
```

Webブラウザで http://localhost/cakephpsample/home/sub にアクセスして表示を確認します。

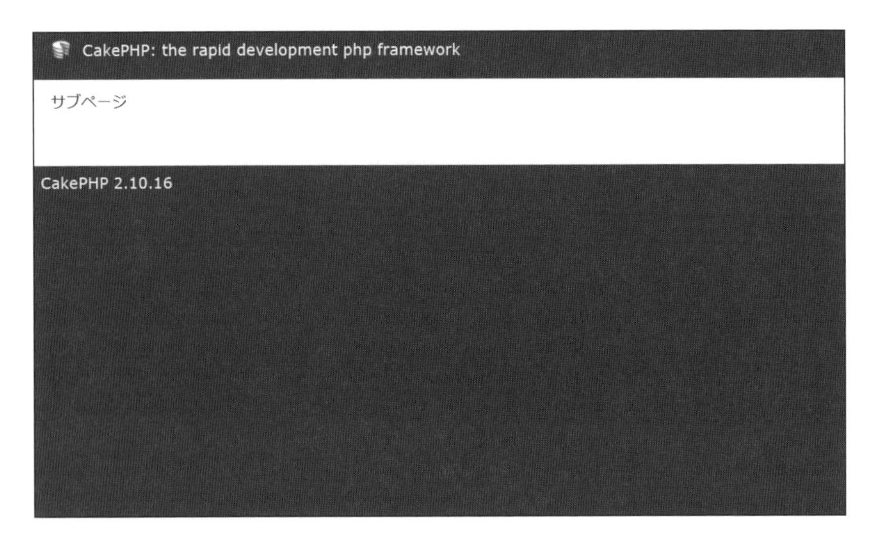

◆リダイレクト処理を記述する

リダイレクト先が作成できました。http://localhost/cakephpsample/home/index にリクエストが来た場合に http://localhost/cakephpsample/home/sub にリダイレクトを行うようにします。app/Controller/HomeController.php を次のように修正します。

▼リダイレクトを行う処理（HomeController.php） SOURCE CODE

```
<?php
class HomeController extends AppController {
    public function Index() {
        return $this->redirect(['controller'=>'home','action'=>'sub']);
    }

    public function Sub() {
    }
}
```

redirect メソッドでリダイレクトを行います。引数はPHP 5.4で追加された配列を初期化する記法です。 controller と action という2つのキーにそれぞれ表示したいコントローラ名とアクション(HomeController なら home 、Subアクションを sub)を指定しています。

redirect に渡すURLは他の書き方もできます。

▼絶対URLでリダイレクトを行う

```
$this->redirect('http://localhost/cakephpsample/home/sub');
```

▼文字列で指定する

```
$this->redirect('/home/sub');
```

リダイレクトではページ遷移を行うので、最終的に表示されるページのURLは http://localhost/cakephpsample/home/sub となります。

ページ遷移せずにSubアクションを実行し、sub.ctp の内容を表示したい場合は次のように記述します。

▼別のアクションを実行する

```
$this->setAction('sub');
```

コントローラのメソッドをアクションとして実行しないようにする

HomeController の Index メソッドや Sub メソッドは規約により、/home/index や /home/sub というURLにルーティングされます。

同じく HomeController に記述した Private というメソッドは /home/private というURLのアクセスで実行されては困るという場合があります。

そのような場合はメソッド名の先頭に _ (アンダーバー)を付けます。

▼アクションにしたくない場合は「_」から始める

```
<?php
class HomeController extends AppController {
    public function Index() {
        return $this->redirect(['controller'=>'home','action'=>'sub']);
    }
```

▼

```
    public function Sub() {
    }

    public function _Private() {
    }
}
```


アクションの引数でGETの値を受け取る

GETを利用すれば、URLに渡したい値を付ることでプログラム側でその値を利用することができます。たとえば、`http://localhost/cakephpsample/home/index/4` というURLで最後の `4` をアクションで受け取ることができます。

CakePHPでGETの値を受け取る方法について解説します。

この項目の最終ファイルは「003/sample_003_004」で確認することができます。

◆ GETの値を取得する

`/{コントローラ名}/{アクション名}/{渡したい値}` という形のURLで渡された値はアクションの引数で受け取ることができます。

`app/Controller/HomeController.php` を次のように修正します。

▼GETの値を引数で受け取る(HomeController.php)　SOURCE CODE

```
<?php
class HomeController extends AppController {
    public function Index($id = 0) {
        $this->set('id', intval($id));
    }
}
```

`app/View/Home/index.ctp` を次のように編集します。

▼index.ctp　SOURCE CODE

```
<h1>ホーム</h1>

<p>ID:<?php echo h($id); ?></p>
```

http://localhost/cakephpsample/home/index/4 にアクセスすると「ID:4」と表示されます。これはアクション Index メソッドの引数 $id にURLの 4 が渡されたからです。

引数の $id = 0 は値が渡されなかった場合、0 をデフォルト値にするという指定です。 http://localhost/cakephpsample/home/index というリクエストの場合、$id は 0 になります。

intval メソッドは文字列を整数に変換します。たとえば http://localhost/cakephpsample/home/index/moji のようなリクエストの場合、intval($id) は 0 になります。

CakePHP: the rapid development php framework
ホーム
ID:4
CakePHP 2.10.16

続いてURLにもう1つ値を追加します。 http://localhost/cakephpsample/home/index/4/nishimura というように2つ目の値には名前が来るものとします。

app/Controller/HomeController.php を次のように修正します。

▼GETの値を2つの引数にする(HomeController.php) SOURCE CODE

```
<?php
class HomeController extends AppController {
    public function Index($id = 0, $name = '') {

        $this->set('id', intval($id));
        $this->set('name', $name);
    }
}
```

`app/View/Home/index.ctp` を次のように編集します。

▼index.ctp　SOURCE CODE

```
<h1>ホーム</h1>

<p>ID:<?php echo h($id); ?></p>
<p>Name:<?php echo h($name); ?></p>
```


`http://localhost/cakephpsample/home/index/4/nishimura` にアクセスすると、下図のような出力を得ます。

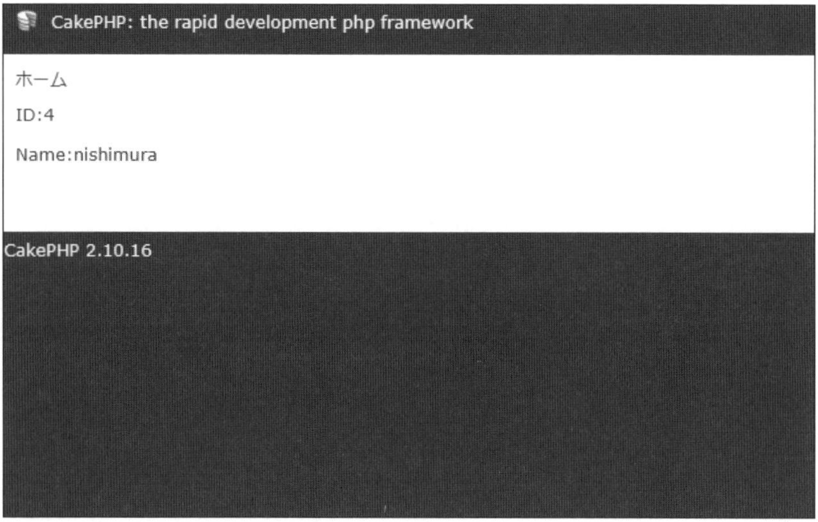

CakePHP: the rapid development php framework

ホーム

ID:4

Name:nishimura

CakePHP 2.10.16

GETで「id=4」形式の値を受け取る

GETは次のようなURLでKeyとValueを組み合わせて値を渡すこともできます。

```
http://localhost/cakephpsample/home/index/?id=4
```

`id` がKeyで、`4` がValueです。このようなGETリクエストの値を取得する方法を紹介します。

この項目の最終ファイルは「003/sample_003_005」で確認することができます。

◆Key付きのGETの値を取得する

app/Controller/HomeController.php を次のように修正します。

▼Kery付きのGETを取得する(HomeController.php) SOURCE CODE

```
<?php
class HomeController extends AppController {
    public function Index() {
        $id = $this->request->query('id');

        $this->set('id', intval($id));
    }
}
```

app/View/Home/index.ctp を次のように編集します。

▼index.ctp SOURCE CODE

```
<h1>ホーム</h1>

<p>ID:<?php echo h($id); ?></p>
```

Webブラウザ で http://localhost/cakephpsample/home/index/?id=4 を開くと、下図のように表示されます。

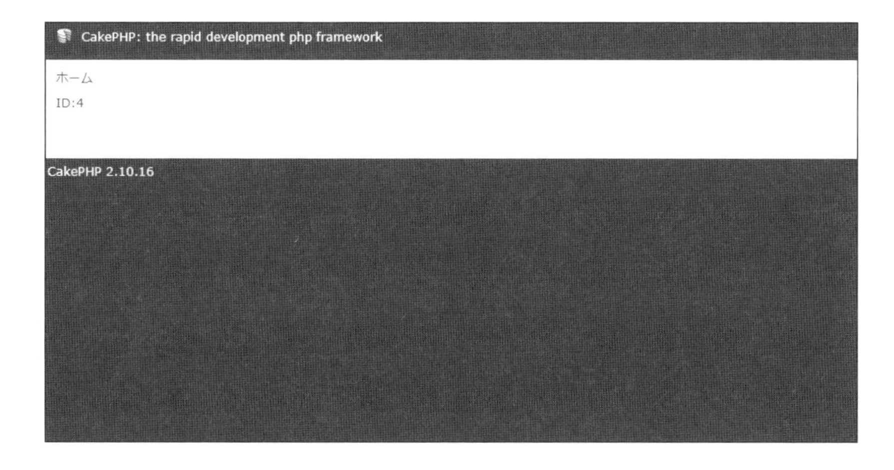

`query` メソッドの代わりに次のように `query` プロパティを利用することもできますが、この場合はGETでKeyが `id` の値が渡されなかった場合のnullチェックが必要になります。

▼「query」プロパティを利用した例

```
if(isset($this->request->query['id'])) {
    $id = $this->request->query['id'];
}
```


POSTで値を渡す

アクションに値を渡す方法としてGETのほかに、もう1つPOSTがあります。POSTではURLに値を付与しないので、URLから渡す値を再現できません。

たとえば、IDが4番の商品を表示するような場合は `/product/detail/4` のようにGETで渡した方が、ブックマークできたり、URLを送ることができて便利です。

URLに表示されては困る情報、たとえば、ログインなどでパスワードを送る際はPOSTを利用した方がよいでしょう。それ以外にもGETには渡せる文字に制限があるので、フォームなどの入力もPOSTが適しています。

CakePHPでPOSTを利用する方法と、POSTされた値を受け取る方法について解説します。

この項目の最終ファイルは「003/sample_003_006」で確認することができます。

◆フォームを生成する

POSTでデータを送るためのフォームを用意します。CakePHPではフォームを生成するための `FormHelper` というヘルパーが用意されているので、今回は `FormHelper` を利用します。

CakePHPでは `FormHelper` 以外にもViewで利用できるさまざまなヘルパーが用意されています。ヘルパーは `lib/Cake/View/Helper/` 以下に配置されているので、目を通してみるとよいでしょう。

`app/View/Home/index.ctp` を次のように編集します。

▼「FormHelper」を利用したフォーム生成(index.ctp)　SOURCE CODE

```
<h1>ホーム</h1>

<p><?php echo h($name);?></p>
<p><?php echo h($email);?></p>

<?php
echo $this->Form->create('PostSample');
echo $this->Form->input('name', ['label' => '名前']);
echo $this->Form->input('email',
   ['type' => 'email','label' => 'メールアドレス']);
echo $this->Form->button('Submit', ['type' => 'submit']);
echo $this->Form->end();
?>
```


echo $this->Form->create('PostSample'); 以降の行がフォームの生成を行っているコードです。フォームの生成は create メソッドから始まり、end メソッドで終了します。

input メソッドは入力用の input タグを生成します。

今回は名前入力用の name とメールアドレス用の email という2つの <input> タグを生成しています。それぞれの実際に生成されるHTMLタグは次のようになります。

```
<div class="input text">
  <label for="PostSampleName">名前</label>
  <input name="data[PostSample][name]"
    type="text" value="" id="PostSampleName"/>
</div>
<div class="input email">
  <label for="PostSampleEmail">メールアドレス</label>
  <input name="data[PostSample][email]"
    type="email" value="" id="PostSampleEmail"/>
</div>
```

項目名を表示するための <label> タグと <input> タグが生成されていることがわかります。 button メソッドは最後に送信するための <button> タグを生成します。

◆フォームの送信内容を受け取る

`app/Controller/HomeController.php` を次のように修正します。

▼POSTされた値を受け取る(HomeController.php)　SOURCE CODE

```
<?php
class HomeController extends AppController {
    public $components = array('Security');

    public function Index() {

        if (isset($this->request->data['PostSample'])) {
            $name = $this->request->data['PostSample']['name'];
            $email = $this->request->data['PostSample']['email'];
        }
        else {
            $name = '';
            $email = '';
        }

        $this->set('name', $name);
        $this->set('email', $email);
    }
}
```

`public $components = array('Security');` の行でセキュリティ対策用のコンポーネントを導入しています。このコンポーネントを導入することで、フォームに次のような行が追加されます。

```
<input type="hidden" name="data[_Token][key]"
  value="aae27d9bfcbe20ef(略)" id="Token1934017289" autocomplete="off"/>
```

これはトークンといって、想定されたフォーム以外から不正に値がPOSTされるのを防ぐ役割があります。フォームを作成する際は、「Security」コンポーネントを導入した方がよいでしょう。

POSTされた値は `$this->request->data` というプロパティから取得します。`PostSample` という名前で `create` メソッドを呼び出したフォームの `input` メソッドの引数に `name` という文字を渡した `<input>` タグの入力文字であれば `data['PostSample']['name']` という連想配列で取り出すことができます。

`http://localhost/cakephpsample/home/index` にアクセスしてフォームの内容をボタンから送信すると、下図のような結果を得ることができます。

データベースからデータを取得する

CakePHPのModelを利用してデータベースのデータを取得します。

この項目の最終ファイルは「003/sample_003_007」で確認することができます。

◆テーブルを作成する

その前に次のクエリを実行して `SampleCake` データベースにテーブルを作成してください。データベースが未作成の場合は、167ページの「CakePHPのインストール」を参考にして作成してください。

▼「user」テーブルを作成する

```
CREATE TABLE user (id int AUTO_INCREMENT NOT NULL,
   name varchar(10), PRIMARY KEY (id));
```

続いてデータを1件、登録しておきます。

▼「user」テーブルにデータを挿入する

```
INSERT INTO user VALUES (1, 'nishimura');
```

◆ Modelの作成

Modelファイルは `app/Model/` 以下に作成します。 `Users.php` というファイルを作成し、次のように記述します。

▼Users.php　SOURCE CODE

```
<?php
class Users extends AppModel {
    public $useTable = "user";
}
```

データベースを利用するクラスは `AppModel` クラスを継承します。 `$useTable` に利用するテーブルの名前を指定します。もし、テーブルをCakePHPの規約に従って `Users` という名前にすると `$useTable` の記載は不要になりますが、今回はあえて規約と異なるテーブル名でテーブルを用意しました。

◆ ControllerでModelを利用する

`app/Controller/HomeController.php` を次のように修正します。

▼Modelを利用する(HomeController.php)　SOURCE CODE

```
<?php
class HomeController extends AppController {
    public $uses = ['Users'];

    public function Index() {
        $user = $this->Users->find('first');

        $this->set('id', $user['Users']['id']);
        $this->set('name', $user['Users']['name']);
    }
}
```

`$uses` に配列で利用するModelを指定します。 `$uses` に指定したModelは、`$this->Users` という形でアクションで呼び出すことができます。

`find` メソッドはテーブルからデータを1つ取得します。今回は `'first'` と最初の1件を取得するように指定しています。

取得したデータは `$user['Users']['id']` のように **[モデル名][カラム名]** という連想配列で取り出すことができます。

◆ 取得したデータを表示する

最後に `app/View/Home/index.ctp` を次のように編集します。

▼index.ctp　SOURCE CODE

```
<h1>ホーム</h1>

<p><?php echo h($id);?></p>
<p><?php echo h($name);?></p>
```

`http://localhost/cakephpsample/home/index` にアクセスすると下図のような結果が得られます。

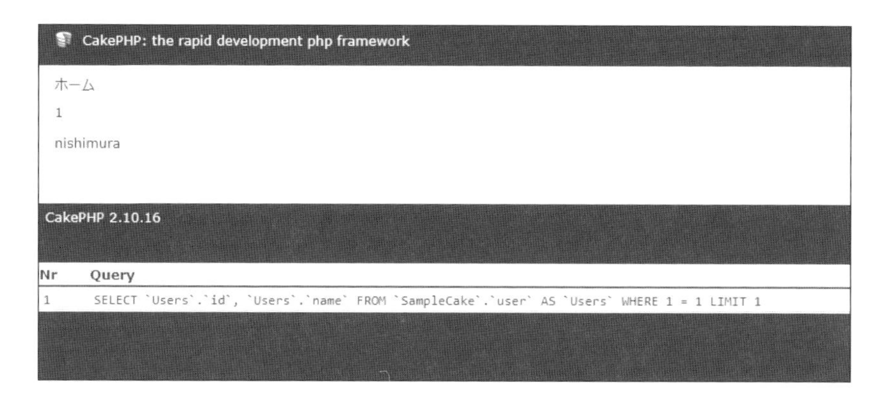

CakePHPのデバッグ設定によっては画像のようにページを表示する際に実行されたクエリ文を確認することができます。

▼ページ表示時に実行されたクエリ

```
SELECT `Users`.`id`, `Users`.`name` FROM `SampleCake`.`user` AS `Users`
  WHERE 1 = 1 LIMIT 1
```

CakePHPのデバック設定は app/Config/core.php で設定されています。

▼「core.php」のデバッグ設定 SOURCE CODE

```
Configure::write('debug', 2);
```

設定が 2 の場合にクエリ文がページ下部に表示されます。

データベースのデータを追加・更新する

Modelを利用してテーブルのデータを更新または、新規データを挿入する方法について解説します。

この項目の最終ファイルは「003/sample_003_008」で確認することができます。

◆データを更新するコード

テーブルのデータを更新する場合、app/Controller/HomeController.php を次のように記述します。

▼HomeController.php SOURCE CODE

```
<?php
class HomeController extends AppController {
    public $uses = ['Users'];

    public function Index() {
        $user['id'] = 1;
        $user['name'] = 'yamada';

        $this->Users->save($user);

        $user = $this->Users->find('first');

        $this->set('id', $user['Users']['id']);
        $this->set('name', $user['Users']['name']);
    }
}
```

save メソッドで値を変更します。すでに id が 1 のデータが挿入されているので、この場合は update が実行されます。

▼すでに存在している「id」の値を変更するクエリ

```
UPDATE `SampleCake`.`user` SET `id` = 1,
  `name` = 'yamada' WHERE `SampleCake`.`user`.`id` = 1
```

idに存在しない2などの数字を指定した場合はINSERTが実行され、idが2のデータが挿入されます。

▼「id」に「2」を指定した場合に実行されるクエリ

```
INSERT INTO `SampleCake`.`user`
  (`id`, `name`) VALUES (2, 'yamada');
```

データベースのデータを削除する

CakePHPのModelを利用してテーブルのデータを削除する方法について解説します。

この項目の最終ファイルは「003/sample_003_009」で確認することができます。

◆ Controllerを修正する

テーブルのデータを更新する場合、app/Controller/HomeController.phpを次のように記述します。

▼HomeController.php　SOURCE CODE

```
<?php
class HomeController extends AppController {
    public $uses = ['Users'];

    public function Index() {
        $this->Users->delete(2, false);
    }
}
```

前項のままだとindex.ctpでエラーが発生するので、エラーにならないように修正します。

▼「index.ctp」をエラーにならないように修正する　SOURCE CODE

```
<h1>ホーム</h1>
```

`delete` メソッドの1つ目の引数に渡す値は削除したいデータの `id` です。2つ目の引数には削除するデータに紐付いた別テーブルのデータがあった場合、合わせて削除するかどうかを指定します。

`http://localhost/cakephpsample/home/index` にアクセスすると次のクエリが実行されます。

```
SELECT COUNT(*) AS `count` FROM `SampleCake`.`user`
  AS `Users` WHERE `Users`.`id` = 2

DELETE `Users` FROM `SampleCake`.`user`
  AS `Users` WHERE `Users`.`id` = 2
```

`id` が `2` のデータが存在しない場合は `DELETE` 文は実行されません。

COLUMN テーブルのリレーション

データベースはリレーショナルデータベースという名前からもわかる通り、テーブル間の関連（リレーション）を定義できます。

たとえば、ブログの記事には複数のコメントが付いている場合、ブログコメントはブログの記事に紐付いている（関連がある）といえます。

CakePHPのモデルではブログ記事を取得した際に合わせて、関連するブログコメントも取得するということができますが、実際のbaserCMSのテーブルをもとに解説したいので、次章のプログラミングの基礎で言及します。

CakePHPのその他機能

ここではCakePHPのその他の機能でbaserCMSのコードを理解するのに必要と思われる項目について簡単に解説しています。詳しく調べたい場合などはCakePHPのドキュメントや書籍を参考にしてください。

ヘルパー

ヘルパーはViewで使用できる便利な機能を定義したクラスです。先述の FormHelper の他にもさまざまなヘルパーが lib/Cake/View/Helper 以下に定義されています。

コンポーネント

コンポーネントはコントローラで使用する便利な機能を定義したクラスです。先述の「Security」コンポーネントのようにControllerの変数で宣言して利用します。

▼コンポーネントの利用宣言

```
public $components = array('Security');
```

$components に指定したコンポーネントは $this->Security などの記法でControllerで利用可能になります。「Security」コンポーネント以外にも lib/Cake/Controller/Component 以下にさまざまなコンポーネントが定義されています。

ビヘイビア

ビヘイビアは、モデルに定義された機能を拡張することができます。ビヘイビアを利用する場合はモデルの $actsAs フィールドに宣言します。

▼モデルでビヘイビアを利用する

```
class SomeModel extends AppModel {
    public $actsAs = array('Tree');
}
```

`Tree` は、ツリー構造になったデータを扱うメソッドをモデルに提供します。ビヘイビアによって `SomeModel` はクラスに定義されていない `children` メソッドなどを呼び出し可能になります。

▼コントローラでモデルを利用する例

```
$children = $this->SomeModel->children();
```


ビヘイビアの詳細については下記のURLを参照してください。

- **ビヘイビア - 2.x**
  URL https://book.cakephp.org/2.0/ja/models/behaviors.html

コールバック

CakePHPで特定の処理の前後に何かほかの処理を割り込ませたい場合は、「コールバック」と「イベント」という仕組みを利用します。

「イベント」の仕組みはbaserCMS側でかなり拡張されているので、ここではコールバックの仕組みについて解説します。

◆コールバックの種類

コールバックにはコントローラ処理を記述する「リクエストライフサイクルコールバック」、コンポーネントに処理を記載する「コンポーネントのコールバック」、モデルに記載する「モデルのコールバック」があります。これらの名前はCakePHPの公式ドキュメントの日本語訳名に合わせてあります。これらのコールバックに関して詳しく調べたい場合は下記のURLを参考にしてください。

- **コントローラ - 2.x**
  URL https://book.cakephp.org/2.0/ja/controllers.html
- **コールバックメソッド - 2.x**
  URL https://book.cakephp.org/2.0/ja/models/callback-methods.html
- **コンポーネント - 2.x**
  URL https://book.cakephp.org/2.0/ja/controllers/components.html

◆リクエストライフサイクルコールバック

リクエストライフサイクルコールバックはControllerのリクエストアクションの前後のタイミングに処理を挟むことができます。

コールバックメソッド	説明
beforeFilter	Controllerのアクションの前に呼び出される
beforeRender	アクションの後Viewが描画される前に呼び出される
beforeRedirect	リダイレクトの前に呼び出される
afterFilter	描画が完了した際に呼び出される

◆コンポーネントのコールバック

コンポーネントのコールバックはコンポーネントにメソッドを追加することでそのメソッドに定められたタイミングで呼び出されます。

コールバックメソッド	説明
initialize	コントローラの「beforeFilter」メソッドの前に呼び出される
startup	コントローラの「beforeFilter」メソッドの後、コントローラの現在のアクションの前に呼び出される
beforeRender	コントローラがリクエストされたアクションを実行した後、ビューとレイアウトが描画される前に呼び出される
shutdown	出力結果がブラウザに送信される前に呼び出される
beforeRedirect	コントローラの「redirect」メソッドが呼び出されたときに、他のアクションより先に呼び出される

◆モデルのコールバック

モデルのコールバックはモデルにメソッドを追加することでそのメソッドに定められたタイミングで呼び出されます。

コールバックメソッド	説明
beforeFind	モデルのfindメソッド前に呼び出される
afterFind	モデルのfindメソッド後に呼び出される
beforeValidate	データのエラーチェック前に呼び出される
afterValidate	データのエラーチェック後に呼び出される
beforeSave	モデルのsaveメソッド前に呼び出される
afterSave	モデルのsaveメソッド後に呼び出される
beforeDelete	モデルのdeleteメソッド前に呼び出される
afterDelete	モデルのdeleteメソッド後に呼び出される
onError	エラーが発生した際に呼び出される

モデルを拡張するビヘイビアに上記のコールバックメソッドを記述した場合もモデル同様に動作します。

CHAPTER 4

プログラミング カスタマイズ入門

baserCMSのプログラミング概要

baserCMSはCakePHPというMVCフレームワークを利用しています。そのため、CakePHPを理解していれば構成を理解しやすいという利点があります。

本章ではbaserCMSのControllerやViewのコードを解説しながら、その仕組みについて解説します。

baserCMSのフォルダ構成

baserCMSの主なファイル・フォルダは次のような構成になっています。

```
インストールフォルダ/
├app/
├css/
├files/
├img/
├js/
├lib/
├theme/
└index.php
```

COLUMN カスタマイズとメンテナンス性

baserCMSのカスタマイズをする場合、`app` フォルダに配置するよりも、プラグインで動作を変更する方がメンテナンス性が高くなります。

◆「app」フォルダ

プログラミングコードを配置したり、設定ファイルなど編集するファイルが配置されているフォルダです。baserCMSの本体コードは後述する `lib` フォルダに配置してありますが、本体コードに手を加えたい場合も同名のファイルを作成し、`app` フォルダに配置するようにします。

`app` フォルダはプログラミングする際によく利用するフォルダなのでその中身についても説明します。 `app` フォルダの中身は次のような構成になっています。

```
app/
 ├Config/
 ├Console/
 ├Controller/
 ├db/
 ├Lib/
 ├Local/
 ├Model/
 ├Plugin/
 ├Test/
 ├tmp/
 ├Vendor/
 └View/
```

- 「Config」フォルダ

　サイトの設定に関するファイルが配置されています。

- 「Console」フォルダ

　コンソールから操作するシェルスクリプトなどが配置されています。

- 「Controller」フォルダ

　自作のControllerクラスやコアクラスを上書きするファイルを配置するフォルダです。

- 「db」フォルダ

　データベースにSQLiteを利用している場合などにデータベースファイルが作成されるフォルダです。

- 「Lib」フォルダ

　導入した自作ライブラリーなどを配置するフォルダです。

- 「Local」フォルダ

　多言語対応したサイトを作成する際などに翻訳ファイルを配置するフォルダです。

- 「Model」フォルダ

　自作のModelクラスやコアクラスを上書きするファイルを配置するフォルダです。

● 「Plugin」フォルダ

導入したプラグインが配置されるフォルダです。

● 「Test」フォルダ

UnitTestのファイルを配置するフォルダです。

● 「tmp」フォルダ

ログやキャッシュといった一時ファイルを保存するフォルダです。

● 「Vendor」フォルダ

サードパーティのライブラリを配置するフォルダです。

● 「View」フォルダ

自作のViewクラスやコアクラスを上書きするファイルを配置するフォルダです。

◆ 「css」フォルダ

cssファイルを配置します。

◆ 「files」フォルダ

管理サイトからアップロードされたファイルなどが配置されるフォルダです。

◆ 「img」フォルダ

画像を配置するフォルダです。

◆ 「js」フォルダ

JavaScriptのファイルを配置します。

◆ 「lib」フォルダ

CakePHPのコアファイルとbaserCMSのコアファイルが配置されています。これらのファイルは通常、編集しません。

◆ 「theme」フォルダ

テーマが配置されるフォルダです。

◆ index.php

リクエストの起点となるファイルです。

baserCMSのルーティング

/service/service2 というURLに対応したアクションを探す場合、まず ServiceController.php というコントローラファイルを探すところから始めたいですが、baserCMSはURLにシンプルに対応したコントローラクラスはありません。

まずはコントローラを探すためのbaserCMSのルーティングの仕組みについて見ていきましょう。

◆ routes.php

最初に確認するのは lib/Baser/Config/routes.php というファイルです。 lib/Baser 以下にはbaserCMSのコアとなるコードが配置されています。 Config/routes.php にはルーティングについての設定が記載されています。

プラグインや管理サイトのルーティングなども記載されていますが、今回はフロントサイトのルーティングについて書かれた箇所を読み進めます。

▼「routes.php」のルーティング処理　SOURCE CODE

```
/**
 * コンテンツ管理ルーティング
 */
    App::uses('BcContentsRoute', 'Routing/Route');
    Router::connect('*', [], array_merge(
        $pluginMatch, ['routeClass' => 'BcContentsRoute']
    ));
    Router::promote();    // 優先順位を最優先とする
```

BcContentsRoute というクラスがカスタムルーティングクラスです。CakePHPのルーティングについては下記のURLを参照してください。

- **ルーティング CakePHP 2.x**
  URL https://book.cakephp.org/2.0/ja/development/routing.html

◆ BcContentsRoute.php

BcContentsRoute クラスは lib/Baser/Routing/Route/BcContentsRoute.php に定義されています。リクエストに対してコントローラを決定している部分の処理は下記です。

▼「BcContentsRoute.php」のルート判定処理 SOURCE CODE

```
// モデルクラスを取得する
$Content = ClassRegistry::init('Content');

// データベースからURLに対応したコンテンツのデータを取得する
$content = $Content->findByUrl(
                $checkUrl, $publish, false, $sameUrl, $site->useSubDomain
            );

if(!$content) {
    $content = $Content->findByUrl(
        $checkUrl, $publish, true, $sameUrl, $site->useSubDomain
    );
}

if (!$content) {
    return false;
}
```


`Content` クラスは `{インストール時に設定したプレフィックス}_contents` テーブルのModelとなるクラスです。デフォルトの設定のままインストールした場合は `mysite_contents` が該当します。今後はデータベースのプレフィックスに `mysite` を指定したものとして進めます。

`$Content->findByUrl` メソッドでテーブルから該当する行のデータを取得してきます。

`/service/service2` というURLに対応した行のカラムをいくつか記載します。

カラム	値
id	12
name	service2
plugin	Core
type	Page
url	/service/service2

`plugin` と `type` の項目に注目してください。これはこのコンテンツが固定ページでbaserCMSのコア機能であることを表しています。

下記はお問い合わせページに対応した行です。

カラム	値
id	9
name	service2
plugin	Mail
type	MailContent
url	/contact/

お問い合わせページは「Mail」プラグインとして実装されている機能で、`MailContent` はメールフォームであることを意味します。baserCMSのメールフォームとブログはコア機能ではなくプラグインとして実装されていることを知っておいてください。

◆ コンテンツに対応したController

コンテンツのtypeについて確認できました。

baserCMSの固定ページ、ブログ、メールフォームはそれぞれ対応したコントローラで処理が行われます。

タイプ	クラス	ファイルパス
固定ページ	PagesController	lib/Baser/Controller/PagesController.php
ブログ	BlogController	lib/Baser/Plugin/Blog/Controller/BlogController.php
メールフォーム	MailController	lib/Baser/Plugin/Mail/Controller/MailController.php

リクエストのルーティングにはデータベースの `mysite_contents` テーブルの値をもとにControllerを判定していることがわかりました。

それでは各コントローラから固定ページ、ブログ、メールフォームの処理を見ていきましょう。

固定ページの処理

固定ページのコントローラは `lib/Baser/Controller/PagesController.php` に定義されています。アクションは `display` メソッドです。

Viewの処理についてはデザインカスタマイズ入門で解説しました。この章では主にControllerとModelに関して説明します。

◆「display」アクション

固定ページのリクエストに対して呼び出されるメソッドは `display` です。 `display` メソッドではViewに渡すいくつかの値を生成します。

▼Viewに値を渡す処理1　SOURCE CODE

```
$this->set(compact('page', 'subpage', 'title_for_layout'));
```

`compact` メソッド名は引数をキー、値をキー名と同名の変数という連想配列を作成します。 `/service/service2` というリクエストの場合、次のような連想配列になります。

▼「compact」メソッドの結果　SOURCE CODE

```
array(3) {
  ["page"]             => string(7) "service"
  ["subpage"]          => string(8) "service2"
  ["title_for_layout"] => string(8) "Service2"
}
```

▼Viewに値を渡す処理2　SOURCE CODE

```
$this->set('pagePath', $pagePath);
```

`$pagePath` の値はトップページの場合は `"index"` 、サービス2ページの場合は `"service/service2"` となります。

最後に `render` メソッドを呼び出し描画を開始します。

▼テンプレートを描画する　SOURCE CODE

```
$this->render('templates/' . $template);
```

`$template` にはページを表示するためのテンプレート名が入ります。初期状態のトップページであれば `"default"` という値になります。`$template` で指定しているテンプレートはレイアウトテンプレートではなく、ページテンプレートです。

◆ View

初期状態のbaserCMSのレイアウトは `theme/bc_sample/Layouts/default.php` です。`default.php` によって再利用可能なフッター、ヘッダー、グローバルメニューといったエレメントと、リクエストに合わせたページ固有のコンテンツが描画されます。

● コンテンツ

固定ページのコンテンツは、トップページの場合は `app/View/Pages/index.php` です。トップページのURLは `http://{baserCMSのインストールルート}/` ですが、`http://{baserCMSのインストールルート}/index` でも同様のページが表示されます。

それ以外の初期固定ページのURLとコンテンツファイルを下記に記載します。

固定ページ	URL	コンテンツファイル
会社案内	/about	app/View/Pages/about.php
サンプル	/sample	app/View/Pages/sample.php
サービス1	/service/service1	app/View/Pages/service/service1.php
サービス2	/service/service2	app/View/Pages/service/service2.php
サービス3	/service/service3	app/View/Pages/service/service3.php

これらのコンテンツファイルは `mysite_pages` テーブルの `contents` カラムの内容をもとに生成されています。`mysite_pages` テーブルの `contents` カラムの内容は通常、管理サイトのコンテンツ管理で編集された内容をもとにテーブルが更新されます。そのタイミングでファイルも書き換えられます。

そのため、コンテンツファイルだけを編集した場合、管理サイトでコンテンツを更新した際に編集が巻き戻ることになるので注意してください。

ブログの処理

ブログのコントローラは lib/Baser/Plugin/Blog/Controller/BlogController.php に定義されています。

ブログは index と archives という2つのアクションを持ちます。ブログのトップページが index 、投稿者別や投稿年月別のアーカイブと単一記事のページが archives アクションで表示されます。

◆トップページ

ブログのトップページのアクションは index です。

● Controller

ブログ記事の一覧を取得する処理は下記の _getBlogPosts メソッドです。

▼ブログ記事一覧を取得する処理　SOURCE CODE

```
$datas = $this->_getBlogPosts(['num' => $listCount]);
```

$datas に記事一覧のデータが代入され、set メソッドでViewに渡されます。

_getBlogPosts メソッド内では paginate メソッドでページング処理された記事一覧を生成します。

▼「_getBlogPosts」メソッドのリターン処理　SOURCE CODE

```
return $this->paginate('BlogPost');
```

この paginate メソッドはCakePHPの Controller クラスのメソッドです。Controller クラスは lib/Cake/Controller/Controller.php に定義されています。

▼「Controller」クラスの「pagenate」メソッド　SOURCE CODE

```
public function paginate
        ($object = null, $scope = array(), $whitelist = array()) {

    return $this->Components->load('Paginator', $this->paginate)->
                paginate($object, $scope, $whitelist);
}
```

実際は上記のコードのように Paginator コンポーネントをロードして、paginate メソッドをコールしています。

取得したブログ記事は $posts という変数名でViewに渡されます。

▼「BlogController」クラスの「index」メソッド内の処理（抜粋） SOURCE CODE

```
$this->set('posts', $datas);
```

• View

Viewファイルは theme/bc_sample/Blog/default/index.php です。渡された $posts は繰り返し処理で一覧表示されます。

▼繰り返し処理で記事一覧を出力する SOURCE CODE

```
    <?php foreach ($posts as $post): ?>
<article class="post clearfix">
    <?php $this->Blog->eyeCatch($post, [
            'link' => false, 'width' => 300
        ]) ?>

    <h4><?php $this->Blog->postTitle($post) ?></h4>
    <?php $this->Blog->postContent($post, false, false) ?>
    <div class="meta">
        <?php $this->Blog->category($post) ?>
         
        <?php $this->Blog->postDate($post) ?>
         
        <?php $this->Blog->author($post) ?>
        <?php $this->BcBaser->element('blog_tag', ['post' => $post]) ?>
    </div>
</article>
    <?php endforeach; ?>
```

$this->Blog の型は BlogHelper です。 BlogHelper は lib/Baser/Plugin/Blog/View/Helper/BlogHelper.php で定義されています。

◆単一記事

記事一覧から特定の記事をクリックした際に表示されるページです。

単一記事のアクションは `archives` です。 `/archives/1` のように `/archives/{記事のID}` というURLでアクセスします。

● Controller

`archives` アクションではURLをもとにそのページが単一ページなのか、アーカイブページなのかを判定します。

▼「archives」メソッドのページ判定処理　SOURCE CODE

```
$pass = $this->request->params['pass'];
$type = $year = $month = $day = $id = '';
$crumbs = $posts = [];
$single = false;
$posts = [];

if ($pass[0] == 'category') {
    $type = 'category';
} elseif ($pass[0] == 'author') {
    $type = 'author';
} elseif ($pass[0] == 'tag') {
```

```
    $type = 'tag';
} elseif ($pass[0] == 'date') {
    $type = 'date';
}
```

`$type` が `category` であればカテゴリ一覧、`author` が投稿者別一覧、`tag` がタグ別一覧、`date` が年月別一覧です。それ以外の場合が単一記事と判定されます。

記事の情報は `_getBlogPosts` の引数に取得したい記事のIDを渡します。

▼単一記事のデータを取得する　SOURCE CODE

```
$post = $this->_getBlogPosts(['no' => $id]);
```

`$single` は単一記事かどうかを表すbool値です。

▼単一記事の場合は「$single」の値は「true」になる　SOURCE CODE

```
$single = true;
```

`$post` と `$single` をViewに渡します。

▼Viewに「$post」の値を渡す　SOURCE CODE

```
$this->set('post', $post);
```

▼Viewに「$single」の値を渡す　SOURCE CODE

```
$this->set('single', $single);
```

● View

単一記事ページのViewファイルは `theme/bc_sample/Blog/default/single.php` です。ブログ記事を出力している部分は下記です。

▼記事を出力している処理　SOURCE CODE

```
<article class="post">
    <?php $this->Blog->postContent($post) ?>
```

```
    <div class="meta">
        <?php $this->Blog->category($post) ?>
         
        <?php $this->Blog->postDate($post) ?>
         
        <?php $this->Blog->author($post) ?>
        <?php $this->BcBaser->element('blog_tag', ['post' => $post]) ?>
    </div>
</article>
```


単一記事では、その記事に対するコメントと、コメントを表示するためのフォームも表示されます。

```
<!-- /Elements/blog_comennts.php -->
<?php $this->BcBaser->element('blog_comments') ?>
```

◆アーカイブ

ブログの投稿者別、タグ別、年月日別、カテゴリ別などのアーカイブされた一覧を表示するページです。

●URLによるタイプ判定

アーカイブページのアクションは単一記事ページと同様に `archives` ですがURLによって表示を切り分けます。初期サイトの新着情報を例にURLの例を掲載します。

ページ	URLの例
単一記事	/news/archives/2
投稿者別	/news/archives/author/admin
タグ別	/news/archives/tag/新製品
カテゴリ別	/news/archives/category/release
年別	/news/archives/date/2019
月別	/news/archives/date/2019/09
日別	/news/archives/date/2019/9/29

● Controller

/news/archives/ に続くURLによってタイプを決定します。

▼「BlogController」クラスの「archives」メソッド　SOURCE CODE

```
if ($pass[0] == 'category') {
    $type = 'category';
} elseif ($pass[0] == 'author') {
    $type = 'author';
} elseif ($pass[0] == 'tag') {
    $type = 'tag';
} elseif ($pass[0] == 'date') {
    $type = 'date';
}
```

続いて $type の値をもとに処理を分岐させます。

▼「$type」による処理の分岐部分　SOURCE CODE

```
switch ($type) {

    /* カテゴリ覧 */
    case 'category':

    /* 投稿者別一覧 */
    case 'author':

    /* タグ別記事一覧 */
    case 'tag':

    /* 月別アーカイブ一覧 */
    case 'date':

    /* 単ページ */
    default:
}
```

該当するアーカイブされた記事の一覧を _getBlogPosts メソッドで取得します。次のコードはカテゴリー覧の該当部分です。

▼記事の一覧を取得する　SOURCE CODE

```
$posts = $this->_getBlogPosts(['category' => urlencode($category)]);
```

Viewに値を渡します。

▼Viewにタイプを渡す　SOURCE CODE

```
$this->set('blogArchiveType', $type);
```

▼Viewに記事一覧を渡す　SOURCE CODE

```
$this->set('posts', $posts);
```

• View

アーカイブページのViewファイルは `theme/bc_sample/Blog/default/archives.php` です。Controllerから渡された `$posts` を繰り返し処理で取り出し表示します。

▼記事一覧を表示する処理　SOURCE CODE

```
<?php if (!empty($posts)): ?>
    <?php foreach ($posts as $post): ?>
<article class="post clearfix">
    <h4><?php $this->Blog->postTitle($post) ?></h4>
    <?php $this->Blog->eyeCatch(
        $post, array('link' => false, 'width' => 300)) ?>
    <?php $this->Blog->postContent($post, false, false) ?>
    <div class="meta">
        <?php $this->Blog->category($post) ?>
         
        <?php $this->Blog->postDate($post) ?>
         
        <?php $this->Blog->author($post) ?>
        <?php $this->BcBaser->element(
            'Blog.blog_tag', array('post' => $post)) ?>
    </div>
</article>
    <?php endforeach; ?>
<?php else: ?>
```

メールフォームの処理

メールフォームに関するページは投稿ページ、確認ページ、送信完了ページ、非公開時表示ページがあります。メールフォームに関するコントローラは lib/Baser/Plugin/Mail/Controller/MailController.php です。

◆投稿ページ

投稿したい内容を入力するためのフォームが表示されたページです。

●Contorller

投稿ページのアクションは index です。メールフォームの各項目を取得する処理はアクションではなく、beforeFilter メソッドで実行しています。 beforeFilter メソッドはアクションの前に実行されるコールバックです。

▼メールフォームの項目を生成する処理　SOURCE CODE

```
$this->MailMessage->setup($this->request->params['entityId']);
$this->dbDatas['mailContent'] = $this->MailMessage->mailContent;
$this->dbDatas['mailFields'] = $this->MailMessage->mailFields;
$this->dbDatas['mailConfig'] = $this->MailConfig->find();
```

$this->MailMessage は lib/Baser/Plugin/Mail/Model/MailMessage.php で定義されている MailMessage モデルです。同様に $this->MailConfig は lib/Baser/Plugin/Mail/Model/MailConfig.php で定義されている MailConifg モデルです。

生成したメールフォームの項目データは index アクションでViewに渡されます。

▼メールフォームデータをViewに渡す　SOURCE CODE

```
if ($this->dbDatas['mailFields']) {
    $this->set('mailFields', $this->dbDatas['mailFields']);
}

$user = BcUtil::loginUser('admin');
if (!empty($user)) {
    $this->set('editLink', [
                    'admin' => true, 'plugin' => 'mail',
```

```
                    'controller' => 'mail_contents', 'action' => 'edit',
                    $this->dbDatas['mailContent']['MailContent']['id']]
                );
}
$this->set('mailContent', $this->dbDatas['mailContent']);
$this->render($this->
    dbDatas['mailContent']['MailContent']['form_template'] . DS . 'index');
```


● Model

メールフォームのフィールドはデータベースの mysite_mail_fields テーブル（プレフィックスが mysite の場合）から取得できます。

メールフォームのデータは mysite_mail_contents に格納されており、id の値に対応した mysite_mail_fields の mail_content_id カラムの行がメールフォームのフィールドです。

● View

メールフォーム投稿ページのViewファイルは theme/bc_sample/Mail/default/index.php です。

Controllerから渡された $mailFields を利用してフォームのフィールドを表示している処理は index.php から呼び出された mail_form エレメントから、さらに呼び出された mail_input エレメントに記述されています。 mail_input エレメントは theme/bc_sample/Elements/mail_input.php に記載されています。詳しくはCHAPTER-2を参照ください。

出力されたフォームには次のように data[MailMessage][name_2] という name 属性を持ちます。

▼出力されたフォームの例 SOURCE CODE

```
<input name="data[MailMessage][name_2]" size="8" maxlength="255"
    class="" type="text" id="MailMessageName2"/>
```

このフォームの値はPOST先のControllerのアクションで $this->request->data[MailMessage][name_2] という記述で取り出すことができます。

● 「Security」コンポーネント

メールフォームの入力フォームには次のようなタグが出力されます。

▼入力フォームのタグ　SOURCE CODE

```
<input type="hidden" name="data[_Token][key]"
   value="{ランダムな文字列}" id="Token2062115858" autocomplete="off"/>
```

これはCakePHPのSecurityコンポーネントを利用した際に自動的に挿入されるタグです。

▼「MailController.php」のコンポーネント宣言　SOURCE CODE

```
public $components = ['BcAuth', 'Cookie', 'BcAuthConfigure', 'Email',
                      'BcEmail', 'BcCaptcha', 'Security', 'BcContents'];
```

このタグを出力することで不正なページからPOSTを制御することができます。

◆ 確認ページ

確認ページは投稿ページから送信されたフォームの入力内容を確認するページです。確認ページのアクションは `confirm` です。

● リダイレクト

投稿ページからPOSTされたデータ `$this->request->data` が存在しない場合は投稿ページにリダイレクトします。

▼POSTされたデータがなければリダイレクト　SOURCE CODE

```
if (!$this->request->data) {
    $this->redirect($this->request->params['Content']['url'] . '/index');
} else {
```

● Controller

入力データの検証（バリデート）を行い、値が問題なければ確認ページを表示します。その場合Viewに `freezed` という変数を渡します。 `freezed` の値が `true` の場合は確認ページです。

▼Viewに「freezed」を渡す　SOURCE CODE

```
// データの入力チェックを行う
if ($this->MailMessage->validates()) {
    $this->request->data =
        $this->MailMessage->saveTmpFiles($this->data, mt_rand(0, 99999999));
    $this->set('freezed', true);
```


投稿ページ同様に `mailFields` や `mailContent` という変数も渡されます。

▼Viewに「mailFields」を渡す　SOURCE CODE

```
if ($this->dbDatas['mailFields']) {
    $this->set('mailFields', $this->dbDatas['mailFields']);
}
```

▼Viewに「mailContent」を渡す　SOURCE CODE

```
$this->set('mailContent', $this->dbDatas['mailContent']);
$this->render($this->
    dbDatas['mailContent']['MailContent']['form_template'] . DS . 'confirm');
```

● View

確認ページのViewファイルは `theme/bc_sample/Mail/default/confirm.php` です。

▼confirm.php　SOURCE CODE

```
<?php
/**
 * メールフォーム確認ページ
 * 呼出箇所：メールフォーム
 */
if ($freezed) {
    $this->Mailform->freeze();
}
?>


<h2><?php $this->BcBaser->contentsTitle() ?></h2>
```

```
<?php if ($freezed): ?>
    <h3><?php echo __('入力内容の確認') ?></h3>
    <p><?php echo __('入力した内容に間違いがなければ「送信する」ボタンをクリックしてください。') ?></p>
    <?php else: ?>
    <h3><?php echo __('入力フォーム') ?></h3>
<?php endif ?>

<div>
    <?php $this->BcBaser->flash() ?>
    <!-- /Elements/mail_form.php -->
    <?php $this->BcBaser->element('mail_form') ?>
</div>
```

mail_form エレメントを利用している点は投稿ページと同様ですが、mail_form エレメントやその中で利用している mail_input エレメントの表示はControllerから渡された $freezed で分岐しています。

▼「mail_form.php」の確認ページ判定 SOURCE CODE

```
<?php if ($freezed): ?>
    <?php echo $this->Mailform->submit('  ' . __('書き直す') .省略 ?>
    <?php echo $this->Mailform->submit('  ' . __('送信する') . 省略 ?>
<?php else: ?>
    <input name="resetdata" value="  取り消す  "
        type="reset" class="btn-gray button" />
    <?php echo $this->Mailform->submit('  ' . __('入力内容を確認する') . 省略 ?>
<?php endif; ?>
```

◆送信完了ページ

送信完了ページのアクションは submit です。

●Controller

送信内容にエラーがなければ送信内容を記載したメールが送信者と管理者に送付されます。設定が有効になっていれば、上記の送信内容がデータベースに保存され管理サイトからも確認できます。

▼送信データを保存する処理 SOURCE CODE

```
// 送信データを保存するか確認
if ($this->dbDatas['mailContent']['MailContent']['save_info']) {
    // validation OK
    $result = $this->MailMessage->save(null, false);
```

▼メールを送信する処理 SOURCE CODE

```
// メール送信
if ($this->_sendEmail($sendEmailOptions)) {
```


● View

送信完了ページのViewファイルは `theme/bc_sample/Mail/default/submit.php` です。このページは表示5秒後にリダイレクトされます。リダイレクトURLは管理サイトの「メールフォーム名」(「お問い合わせ」など)→「設定」の「リダイレクトURL」項目で設定可能です。

▼リダイレクト用の<meta>タグを出力する SOURCE CODE

```
<?php
/**
 * メールフォーム送信完了ページ
 * 呼出箇所：メールフォーム
 */
if (Configure::read('debug') == 0 &&
    $mailContent['MailContent']['redirect_url']) {

    $this->Html->meta(array('http-equiv' => 'Refresh'),
        null, array('content' => '5;url=' .
        $mailContent['MailContent']['redirect_url'], 'inline' => false));
}
?>
```

管理サイトの「設定」→「サイト基本設定」の「制作・開発モード」項目がノーマルモードに設定されていない場合はリダイレクトが行われないので注意してください。

SECTION 16 イベント

baserCMSのイベントの仕組みについて解説します。CakePHPのコールバックをより柔軟にした仕組みです。

イベントの概要

「CakePHPの基礎」でコールバックについて解説しました。コールバックはコントローラやコンポーネント、モデルの処理の特定のタイミング（アクションが終了したタイミングなど）で処理を実行できる仕組みでした。

コールバックで呼び出せる処理はそのクラスにメソッドとして実装する必要がありました。たとえば、`HomeController` というコントローラの `index` アクションの前に処理を挟みたい場合は、`HomeController` クラスないしその継承元の `beforeFilter` というメソッドを呼び出します。

イベントはコールバックと似たような処理を提供しますが、コールバックより柔軟な仕組みを提供します。コールバックでは限定されていたイベントを実装するクラスの制限はなく、処理を呼び出すタイミングも自由に追加することができます。

◆リスナーとディスパッチャー

イベントにはイベントを発行する側ディスパッチャー（Dispatcher）とイベントを購読して処理を行うリスナー（Listener）の2つがあります。

ディスパッチャーはCakePHPやbaserCMSのコアプログラムで用意されてものもありますが、自分で作成しイベントを発行することも可能です。

◆CakePHPとbaserCMSのイベント

baserCMSのイベントはCakePHPのイベントシステムを拡張したものです。baserCMSでは基本的にbaserCMSのイベントシステムを使用すべきですが、CakePHPのイベントが使えないというわけではありません。

baserCMSのイベント

baserCMSのイベントについて解説します。baserCMSのイベントリスナーはプラグインで利用します。詳しい解説は「プラグイン入門」で行うことにして、ここでは簡単に概要を紹介します。

◆ baserCMSのイベントディスパッチャー

baserCMSではイベントの発行に `BcEventDispatcher` クラスを用います。`BcEventDispatcher` クラスを利用することでbaserCMSの命名規則に従ったイベント名で、イベントをディスパッチすることができます。

baserCMSのモデルやコントローラ、ビューにはイベントを発行するための `dispatchEvent` というメソッドが用意されています。`dispatchEvent` メソッドでは次のようにイベントを発行しています。

▼lib/Baser/Controller/BcAppController.php SOURCE CODE

```
/**
 * イベントを発火
 *
 * @param string $name イベント名
 * @param array $params パラメータ
 * @param array $options オプション
 * @return mixed
 */
public function dispatchEvent($name, $params = [], $options = []) {
    $options = array_merge([
        'modParams' => 0,
        'plugin'    => $this->plugin,
        'layer'     => 'Controller',
        'class'     => $this->name
        ], $options);
    App::uses('BcEventDispatcher', 'Event');
    return BcEventDispatcher::dispatch($name, $this, $params, $options);
}
```

●「BcEventDispatcher」の使用を宣言する

`App::uses('BcEventDispatcher', 'Event');` で `BcEventDispatcher` クラスの使用を宣言します。

● イベントを発行する

BcEventDispatcher::dispatch($name, $this, $params, $options); でイベントを発行(Dispatch)しています。 $name にイベントの名前を指定します。イベントを発行するとそのイベントを購読しているイベントリスナーのメソッドが呼び出されます。

COLUMN イベントリスナーのメソッド

イベントを購読しているイベントリスナーのメソッドをコールバックと呼ぶことがありますが、本書ではCakePHPにはコールバックという仕組みがあるため「イベントリスナーのイベント」と表記しています。

◆ baserCMSのイベントリスナー

イベントを購読する側のリスナーはイベントが発行された際に実行されるメソッドを指定します。baserCMSではイベントリスナーはプラグインとして作成します。「Sample」というプラグインでコントローラの初期化時に処理を挟みたい場合は、次のように記述します。

▼「Sample」プラグインで初期化時に処理を挟む例 SOURCE CODE

```
<?php
// クラス名、ファイル名は規約に従って付ける必要がある
class SampleControllerEventListener extends BcControllerEventListener {
    // イベントの登録
    public $events = ['initialize', 'Sample.Home.beforeRender'];

    // CakePHPのinitializeイベント
    public function initialize(CakeEvent $event) {
        pr("SampleControllerEventListener::initialize");
    }

    // SampleプラグインのHomeコントローラのbeforeRenderに対応したイベント
    public function sampleHomeBeforeRender(CakeEvent $event) {
        pr("SampleControllerEventListener::sampleHomeBeforeRender");

        // $event->subject();でコントローラを取り出す
        $controller = $event->subject();
        pr(get_class($controller));
```

```
            pr($controller->name);
            pr($controller->action);
        }
    }
```

● ファイル・クラス名の命名規約

プラグインのコントローラに対するイベントリスナー(ControllerEventListener)は、次のようなクラス名・ファイル名にする必要があります。

項目	命名規則
ファイル名	app/Plugin/{プラグイン名}/Event/ {プラグイン名}ControllerEventListener.php
クラス名	{プラグイン名}ControllerEventListener

たとえば、「Sample」というプラグインの場合は、次のようなファイル名・クラス名です。

▼ファイル名

```
app/Plugin/Sample/Event/SampleControllerEventListener.php
```

▼クラス名

```
SampleControllerEventListener
```

コントローラに対するイベントリスナーは `BcControllerEventListener` クラスを継承する必要があります。

● 購読の宣言

購読を宣言するにはクラスの `$events` フィールドに配列でイベントタイプを指定します。

`initialize` はCakePHPのコントローラのイベントです。あらゆるコントローラの初期化時に登録したメソッドが実行されます。

`Sample.Home.beforeRender` は「Sample」プラグインの `Home` コントローラの `beforeRender` イベントです。

● 呼びされるメソッドの名前

`$events` に設定したイベントが発行された際に呼び出されるメソッドはイベント名から `.` を削除しロウワーキャメルケースに変換したものになります。 `initialize` の場合は `initialize` 、`Sample.Home.beforeRender` の場合は `sampleHomeBeforeRender` です。

● CakeEvent

イベント発行時に呼び出されるメソッドの引数はCakeEvent型の変数です。

▼CakeEvent型の変数を引数とする　SOURCE CODE

```
public function initialize(CakeEvent $event) {
```

`$event` からはイベントの発行元クラスやイベントに関する情報を取得することができます。

▼「$event」からイベントに関する情報を取得する　SOURCE CODE

```
// $event->subject();でコントローラを取り出す
$controller = $event->subject();
pr(get_class($controller));
pr($controller->name);
pr($controller->action);
```

CakeEvent型の詳細については、下記を参照してください。

● CakeEvent

URL https://api.cakephp.org/2.8/class-CakeEvent.html

CakePHPのイベント

CakePHPのイベントはbaserCMSのイベントのベースとなる仕組みです。

baserCMSのイベントはプラグインでのみ利用できましたが、CakePHPのイベントはプラグイン以外でも利用することができます。また、baserCMSのイベントは規約に従いファイル名、クラス名、メソッド名を付けることで自動で認識されましたが、CakePHPのイベントは少し動作が異なります。

◆ CakePHPのイベントディスパッチャー

CakePHPのイベントシステムでイベントを発行する場合、`CakeEventManager`を利用します。

View、Model、Controllerの場合、`getEventManager`という`CakeEventManager`を取得するメソッドが用意されているのでそれを利用します。それ以外のクラスの場合はインスタンスを取得します。

▼View、Model、Controllerの場合 SOURCE CODE

```
$event = new CakeEvent('View.beforeRenderFile', $this, array($viewFile));
$this->getEventManager()->dispatch($event);
```

CakeEvent型のインスタンスを作成し、`$this->getEventManager()->dispatch`メソッドに渡しています。CakeEvent型のインスタンスは生成時の第1引数にイベント名、続いてイベントを発行するクラス(`$this`)、最後にオプションを渡します。上記のコードではViewファイルが読み込まれる前のデータを渡しています。

▼それ以外のクラス SOURCE CODE

```
App::uses('CakeEvent', 'Event');
App::uses('CakeEventManager', 'Event');

$event = new CakeEvent('Controller.startup', $this));
CakeEventManager::instance()->dispatch($event);
```

`App::uses`で`CakeEvent`と`CakeEventManager`をロードします。`CakeEventManager::instance`でインスタンスを取得し、`dispatch`メソッドでイベントを発行します。

◆ CakePHPのイベントリスナー

CakePHPのイベントリスナーを動作させるにはいくつかの手続きが必要となります。

● EventListenerクラスの作成

`app/Event`フォルダ以下に`SampleCakeEventListener.php`というファイルを作成します。

baserCMSのイベントリスナーはファイルのパスとファイル名を規約に従って決定していましたが、CakePHP本来のイベントリスナーそのような規約はありません。後述しますが、その代わりに EventManager にこのクラスがイベントリスナーであるということを知らせなければいけません。 EventManager に知らせる処理は後回しにして、まずはクラスの内容を記述します。

▼SampleCakeEventListener.php　SOURCE CODE

```
<?php
// CakeEventListenerクラスをロード
App::uses('CakeEventListener', 'Event');

// クラス名やファイル名には規約はない
class SampleCakeEventListener implements CakeEventListener {

    // implementedEventsでイベントを宣言
    public function implementedEvents() {
        return ['Controller.initialize' => 'initializeEvent'];
    }

    // イベントを処理するメソッド
    // implementedEventsで指定したメソッド名を付ける
    public function initializeEvent($event) {
        pr("SampleCakeEventListener::initializeEvent");
    }
}
```

◆「CakeEventListener」インターフェイス

イベントリスナーは CakeEventListener を実装します。継承(extends)ではなく、実装(implements)です。

```
class SampleCakeEventListener implements CakeEventListener {
```

◆「implementedEvents」メソッド

CakeEventListener を実装したクラスは implementedEvents で対応するイベントの種類を宣言します。

`implementedEvents` はキーがイベントタイプ、値がメソッド名の連想配列を返します。下記のコードでは `Controller.initialize` がイベントタイプ、`initializeEvent` が発行されたイベントに対して行う処理を記述したメソッドです。

▼「implementedEvents」でイベントを宣言する　SOURCE CODE

```
// implementedEventsでイベントを宣言
public function implementedEvents() {
    return ['Controller.initialize' => 'initializeEvent'];
}
```

◆ EventManagerへの通知

`CakeEventListener` がイベントリスナーであることを `EventManage` に通知します。 `app/Config/bootstrap.php` の最後に次のコードを追記します。

▼「EventManage」に通知する　SOURCE CODE

```
// 使用するクラスのロード
App::uses('SampleCakeEventListener', 'Event');
App::uses('CakeEventManager', 'Event');

// CakeEventManagerのインスタンスを取得
$CakeEvent = CakeEventManager::instance();

// attachメソッドでSampleCakeEventListenerを登録
$CakeEvent->attach(new SampleCakeEventListener());
```

拡張されたbaserCMSのイベントではこの処理が必要ない代わりにファイルパスとファイル名を定められた規約に従って付ける必要がありました。

COLUMN　CakePHPとbaserCMSのイベントシステム

2つのイベントシステムの違いについて解説しました。カスタマイズの際にイベントリスナーを利用する場合、基本的にカスタマイズはプラグインとして実装し、イベントはbaserCMSのイベントを使うべきです。

カスタマイズの方針としてプラグインを利用しない場合はEventManagerを利用したCakePHPのイベントを利用するとよいでしょう。

DebugKitの導入

baserCMSでは管理サイトの「設定」→「サイト基本設定」の「制作・開発モード」項目をデバッグモード2にすることでSQLのクエリログやページ表示に利用したViewファイルなどを確認することができます。

CakePHPではデバッグ用の「DebugKit」というプラグインもあります。DebugKitに慣れている場合、baserCMSでDebugKitを利用することもできます。

DebugKitのダウンロード

GitHubからDebugKitをダウンロードします。baserCMSはCakePHPの2系を利用しているので2系に対応した「2.2」というブランチを選択します。

- GitHub:DebugKit
  URL https://github.com/cakephp/debug_kit/tree/2.2

ダウンロードしたファイルの中身を `lib/Baser/Plugin` に `DebugKit` というフォルダを作成して配置します。

「bootstrap.php」の編集

`app/Config/bootstrap.php` の最後に次の行を追記します。

▼DebugKitのロード　SOURCE CODE

```
CakePlugin::load('DebugKit');
```

表示の確認

フロントサイトを更新して右上にツールバーが表示されていることを確認します。

ツールバーが表示されない場合は121ページを参考に管理サイトから「制作・開発モード」をデバックモード1またはデバックモード2に変更してください。

SECTION 18 ウィジットエリアの仕組み

ここではbaserCMSのウィジットエリアの仕組みを見ていきましょう。

ウィジットエリアはデータベースにデータを保存している部分、ファイルから判定している部分、base64でエンコードしている部分など、データを複数の形式で扱っています。

baserCMSにはデータベースを使わないで済む部分はデータベースに設定を記述するのではなく規約で対応するというCakePHPの「設定より規約」を重んじた仕様が随所に見られます。ウィジットエリアの他にも、テーマのフォルダを決められたパスに置くことで「テーマ管理」にそのテーマが表示されるなども一例です。

ここではウィジットエリアの仕組みを紹介しつつ、baserCMSの規約やDebugKitを利用したコントローラやアクションの確認方法を解説します。

ウィジットエリア編集ページのコードを読む

ウィジットエリアの仕組みを知るために管理サイトのウィジットエリア編集ページのコードを読んでいきましょう。

ウィジットエリア編集ページを開くには管理サイトの「設定」→「ユーティリティ」→「ウィジットエリア」を選択し、編集したいウィジットエリアを選択します。

今回は「標準サイドバー」を編集します。編集するには「標準サイドバー」の文字をクリックするか、鉛筆のアイコンをクリックしてください。

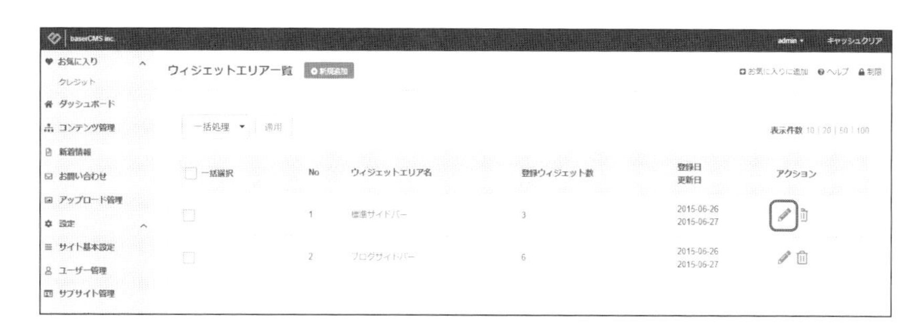

利用できるウィジェット

コアウィジェット

ローカルナビゲーション

ページ機能で作成されたページで同一カテゴリ内のタイトルリストを表示します。

PHPテンプレート

PHPコードが書かれたテンプレートの読み込みが行えます。

サイト内検索

サイト内検索フォームを表示します。

テキスト

テキストやHTMLの入力ができます。

ブログウィジェット

ブログ投稿者一覧

ブログの投稿者一覧を表示します。

利用中のウィジェット

ローカルナビゲーション1 設定 削除

サイト内検索 設定 削除

リンク 設定 削除

◆ Controller

ウィジットエリア編集ページのコントローラは `lib/Baser/Controller/WidgetAreasController.php` です。コントローラ名はURLから推測できますが、後述するDebugKitプラグインを導入しているとリクエストのコントローラやアクションを確認できます。

DebugKitからコントローラが `widget_areas` 、アクションが `admin_edit` だとわかりました。 `Request` の項目ではアクションやコントローラ以外にもさまざまな値が確認できます。

◆ Action

admin_edit アクションのコードを見ていきます。

● ウィジットエリア情報を取得

まずデータベースの mysite_widget_areas テーブルから指定したIDの行を取得します。

▼指定したIDの行を取得する　SOURCE CODE

```
$widgetArea = $this->WidgetArea->read(null, $id);
```

read メソッドの結果は次のような連想配列です。

▼「read」メソッドの結果　SOURCE CODE

```
Array (
  [WidgetArea] => Array (
    [id] => 1
    [name] => 標準サイドバー
    [widgets] => YTozOntpOjA7YToc{省略}
    [modified] => 2015-06-27 15:43:33
    [created] => 2015-06-26 20:34:07
  ))
```

[widgets] には標準サイドバーで現在、有効なウィジェットの情報がbase64でエンコードされて格納されています。 [widgets] は次のようにデコードされます。

▼base64デコード処理の一部抜粋　SOURCE CODE

```
$widgets = BcUtil::unserialize($widgetArea['WidgetArea']['widgets']);
```

$widgets は次のような連想配列になっています。

▼「$widgets」の中身　SOURCE CODE

```
Array (
  [0] => Array (
    [Widget1] => Array (
      [id] => 1
      [type] => テキスト
```

▼

```
        [element] => text
        [plugin] =>
        [sort] => 3
        [name] => リンク
        [text] =>
 コーポレートサイトにちょうどいいCMS、baserCMS
この部分は、ウィジェットエリア管理より編集できます。
        [use_title] => 1
        [status] => 1
    ))
  [1] => Array (
    [Widget2] => Array (
        [id] => 2
        [type] => サイト内検索
        [element] => search
        [plugin] =>
        [sort] => 2
        [name] => サイト内検索
        [use_title] => 1
        [status] => 1
    ))
  [2] => Array (
    [Widget3] => Array (
        [id] => 3
        [type] => ローカルナビゲーション
        [element] => local_navi
        [plugin] =>
        [sort] => 1
        [name] => ローカルナビゲーション1
        [cache] => 1
        [use_title] => 1
        [status] => 1
    )))
```

サイト内検索やローカルナビゲーションといったウィジェットのデータが格納されています。

ウィジットエリアに表示するウィジェットはテーブル間のリレーションを利用しようとすると多対多のリレーションとなりますが、ウィジットエリアではこのようにカラムとしてウィジェットの一覧を持っています。

COLUMN **baserCMSでは多対多のリレーションを使わない?**

baserCMSでは多対多のリレーションを使わないというようなことはなく、ブログの記事とブログタグは多対多のテーブル構成になっています。

●利用できるウィジェット

続いて admin_edit アクションでは「利用できるウィジェット」項目を表示するためのデータを作成します。

利用できるウィジェット

コアウィジェット

ローカルナビゲーション

ページ機能で作成されたページで同一カテゴリ内のタイトルリストを表示します。

PHPテンプレート

PHPコードが書かれたテンプレートの読み込みが行えます。

サイト内検索

サイト内検索フォームを表示します。

テキスト

テキストやHTMLの入力ができます。

ブログウィジェット

ブログ投稿者一覧

ブログの投稿者一覧を表示します。

ブログカレンダー

ブログのカレンダーを表示します。

「利用できるウィジェット」項目ではコアウィジェットとブログウィジェットの2つが表示されています。

baserCMSではブログやメールフォーム、フィードなどはプラグインとして実装されているので、コアウィジェットとプラグインのブログウィジェットが別に表示されています。それではメールフォームやフィードウィジェットがないのはなぜでしょうか。

この判定もデータベースを利用していません。

▼ウィジェットがあるか判定する　SOURCE CODE

```
$path .= $plugin['Plugin']['name'] .
    DS . 'View' . DS . 'Elements' . DS . 'admin' . DS . 'widgets';
if (is_dir($path)) {
    $pluginWidget['paths'][] = $path;
}
```

`Plugin/{プラグイン名}/Elements/admin/widgets`というフォルダの有無で項目の表示非表示をコントロールしています。`Plugin/Mail/View/Elements/admin/widgets`というフォルダを作成すると「メールフォームウィジェット」という欄が表示されるので、試してみてください。

最近の投稿

ブログの最近の投稿を表示します。

ブログタグ一覧

ブログのタグ一覧を表示します。

年別アーカイブ一覧

ブログの年別アーカイブ一覧を表示します。

メールフォームウィジェット

プラグインの一覧は上記コードの前にデータベースから取得しています。

▼プラグイン一覧を取得する　SOURCE CODE

```
$plugins = $this->Plugin->find('all', ['conditions' =>
   ['status' => true]]);
```

テーブルは mysite_plugins テーブルです。mysite_plugins にはプラグインの日本語名を持つ title カラムがあるので「メールフォームウィジェット」と項目名を日本語で表示できます。

▼「title」カラムをもとに項目名を生成しているコード　SOURCE CODE

```
$pluginWidget['title'] = $plugin['Plugin']['title'] . 'ウィジェット';
```

baserCMSのコアとプラグインから利用できるウィジェットがある(widgetsフォルダが存在する)ものを判定してデータをViewに渡します。

▼利用できるプラグインの情報をViewに渡す　SOURCE CODE

```
$this->set('widgetInfos', $widgetInfos);
```

$widgetInfos の中身は次のような連想配列です。

▼「$widgetInfos」の中身　SOURCE CODE

```
Array (
  [0] => Array (
    [title] => コアウィジェット
    [plugin] =>
    [paths] => Array (
      [0] => lib¥Baser¥View¥Elements¥admin¥widgets
          ))
  [1] => Array (
    [paths] => Array (
      [0] => app¥Plugin¥Blog¥View¥Elements¥admin¥widgets
      [1] => lib¥Baser¥Plugin¥Blog¥View¥Elements¥admin¥widgets )
      [title] => ブログウィジェット
      [plugin] => Blog
    ))
```

ウィジットエリア編集のコントローラの処理を見てきました。

データベースのテーブルやフォルダが存在するかどうか、base64でエンコードされたデータなどbaserCMSの規約の一例を紹介しました。

データベース解説

baserCMSのインストール時に作成されるテーブルについて解説します。

アソシエーション

MySQLやPostgreSQLといったデータベースはリレーショナルデータベースと呼ばれ、テーブル間のリレーション（関係）を定義することができます。

たとえば、記事（`mysite_blog_posts` テーブル）の `id` が `1` 番の投稿に対して付けられたコメント（`mysite_blog_comments` テーブル）は記事と紐付く `blog_post_id` というカラムが `1` のものという関連があります。

baserCMSはこの関連をCakePHPのアソシエーション機能を利用して表現します。

◆ 1対1の関係

1つのデータに対して別のテーブルの1つのデータが紐付く場合、「1対1の関係」といいます。アソシエーションではこの関係を `hasOne` という形で表現します。

baserCMSのモデルでは1対1の関係を持ったモデルはありません。

下記は一般的なCakePHPの `hasOne` を使用したコードです。

▼CakePHPのhasOneの例　SOURCE CODE

```
class User extends AppModel {
    public $hasOne = 'Profile';
}
```

`User` モデルは `Profile` モデルと1対1の関係にあります。

◆ 1対多の関係

1つのデータに対して別のテーブルの複数のデータが紐付く場合は「1対多の関係」といいます。先述のブログ記事は複数のコメントを持つことができるので1対多の関係です。アソシエーションではこの関係を `hasMany` という変数で定義します。

app/Plugin/Blog/Model/BlogPost.php で定義されているブログ記事のモデルでは次のように1対多の関係を定義しています。

▼「BlogPost.php」でブログ記事とコメントの関係を定義している箇所 SOURCE CODE

```
/**
 * hasMany
 *
 * @var array
 */
    public $hasMany = [
        'BlogComment' => [
            'className' => 'Blog.BlogComment',
            'order' => 'created',
            'foreignKey' => 'blog_post_id',
            'dependent' => true,
            'exclusive' => false,
            'finderQuery' => '']
    ];
```

BlogPost モデルは BlogComment モデルと関連があり、紐付けるキーは BlogComment の blog_post_id です。

● 取得されるデータ

BologPost モデルのデータを取得すると関連する BlogComment のデータも取得されます。

▼「BologPost」モデルのデータを取得する SOURCE CODE

```
$post = $this->BlogPost->find("first");
```

$post の中身には次のように BlogComment モデルのデータも格納されています。

▼「$post」の中身 SOURCE CODE

```
[BlogPost] => Array (
  [id] => 1
  [blog_content_id] => 1
  [no] => 1
```

```
  [name] => ホームページをオープンしました
  // 略
)
[BlogComment] => Array (
  [0] => Array (
    [id] => 1
    [blog_content_id] => 1
    [blog_post_id] => 1
    [no] => 1
    [status] => 1
    [name] => baserCMS
    // 略
))
```


◆多対1の関係

1対多の関係を多の方から見た関係が「多対1」です。ブログコメントは1つの記事に紐付き、1つの記事には複数のコメントを付けることができます。アソシエーションでは多対1の関係を `belongsTo` で定義します。

▼app/Plugin/Blog/Model/BlogComment.php SOURCE CODE

```
/**
 * belongsTo
 *
 * @var array
 */
    public $belongsTo = ['BlogPost' =>
        ['className' => 'Blog.BlogPost',
         'foreignKey' => 'blog_post_id']];
```

◆多対多の関係

2つテーブルが互いに複数の関連するデータを持つ場合、そのデータは「多対多の関係」にあるといいます。たとえば、baserCMSのブログ記事は複数のタグを付けることができます。逆に1つのタグは紐付けられた複数のブログ記事を持ちます。

リレーショナルデータベースでこの関係を表現する場合、中間テーブルが必要になります。

baserCMSの場合、「mysite_blog_posts」と「mysite_blog_tags」間の多対多の関係を表現するための中間テーブル「mysite_blog_posts_blog_tags」があります。

この関係をアソシエーションで表現する場合、「hasAndBelongsToMany」を利用します。

▼app/Plugin/Blog/Model/BlogPost.php SOURCE CODE

```
/**
 * HABTM
 *
 * @var array
 */
    public $hasAndBelongsToMany = [
        'BlogTag' => [
            'className' => 'Blog.BlogTag',
            'joinTable' => 'blog_posts_blog_tags',
            'foreignKey' => 'blog_post_id',
            'associationForeignKey' => 'blog_tag_id',
            'conditions' => '',
            'order' => '',
            'limit' => '',
            'unique' => true,
            'finderQuery' => '',
            'deleteQuery' => ''
    ]];
```

baserCMSの初期テーブルについて

baserCMSには初期状態で次ページのテーブルがあります。プレフィックスはインストール時の初期値である mysite_ とします。

```
+----------------------------+
| Tables_in_samplebasercms   |
+----------------------------+
| mysite_blog_categories     |
| mysite_blog_comments       |
| mysite_blog_configs        |
| mysite_blog_contents       |
| mysite_blog_posts          |
| mysite_blog_posts_blog_tags |
| mysite_blog_tags           |
| mysite_content_folders     |
| mysite_content_links       |
| mysite_contents            |
| mysite_dblogs              |
| mysite_editor_templates    |
| mysite_favorites           |
| mysite_feed_configs        |
| mysite_feed_details        |
| mysite_mail_configs        |
| mysite_mail_contents       |
| mysite_mail_fields         |
| mysite_mail_message_1      |
| mysite_mail_messages       |
| mysite_pages               |
| mysite_permissions         |
| mysite_plugins             |
| mysite_search_indices      |
| mysite_site_configs        |
| mysite_sites               |
| mysite_theme_configs       |
| mysite_uploader_categories |
| mysite_uploader_configs    |
| mysite_uploader_files      |
| mysite_user_groups         |
| mysite_users               |
| mysite_widget_areas        |
+----------------------------+
```

なお、各テーブルについては、サンプルデータと一緒にダウンロードできるPDFファイルに詳細を記載していますので、そちらをご参照ください。

CHAPTER 5
プラグイン入門

baserCMSのプラグインの概要

baserCMSのプログラミングをカスタマイズする方法は大きく2つあります。1つは app フォルダ以下に新規クラスや、本体のコアクラスを継承したクラスを作成しプログラミングを行う方法です。もう1つがプラグインを作成する方法です。

プラグインを利用することで本体のソースコードに手を入れることなくサイトをカスタマイズすることができます。本体に手を入れないことで、本体のバージョンアップが容易になり、プラグインの移植性も高くなります。

プラグインの仕組みはCakePHPのプラグインの仕組みを利用していますが、イベントのリスナーなどはよりプラグインとして作りやすく拡張されています。

プラグインを作成する

実際にプラグインを作成して、動作を確認してみましょう。

最小構成のプラグインを作成する

まずは、最小構成のプラグインを作成します。プラグインは何も処理を行いませんが、管理サイトから有効化するのに必要な情報を持たせます。

この項目の最終ファイルは「005/sample_005_001」で確認することができます。

◆ フォルダを作成する

baserCMSのプラグインを作成するには `app/Plugin` 以下にフォルダを作成します。今回は `SamplePlugin` という名前にします。

◆ 管理サイトで確認する

管理サイトの「設定」→「プラグイン管理」を開き、プラグイン一覧に「Sample Plugin」が追加されていることを確認します。

◆プラグインを有効化する

一覧の「SamplePlugin」欄の右側のアイコンからダウンロードアイコンをクリックします。

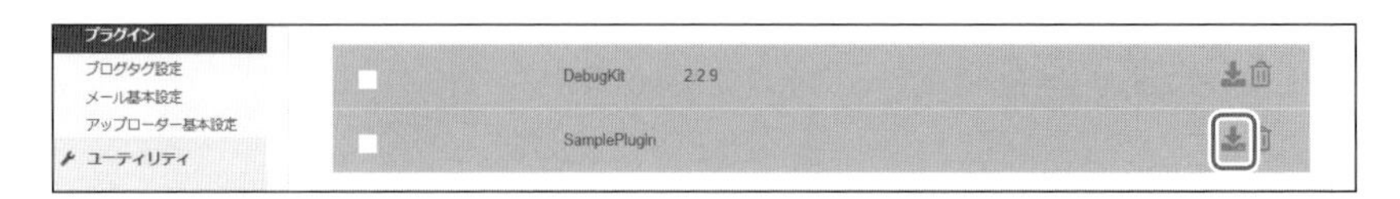

新規プラグイン登録ページが表示されるので、設定はそのままで「インストール」ボタンをクリックします。

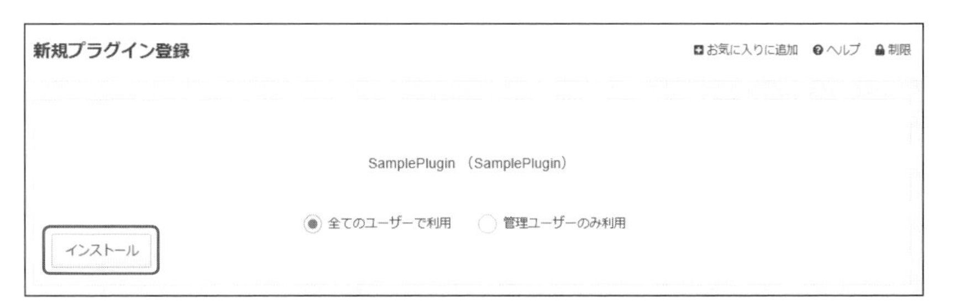

プラグイン一覧ページに戻り、『新規プラグイン「SamplePlugin」をbaserCMSに登録しました。』と表示されていればインストールは成功です。

◆ バージョンファイルを作成する

`app/Plugin/SamplePlugin` 以下に `VERSION.txt` を作成し、次のように記述します。

▼VERSION.txt　SOURCE CODE

```
1.0.0
```

プラグイン一覧ページを更新すると「アップデートを完了させてください」と表示されているので、右端のアイコンから更新アイコンをクリックします。

「SamplePluginプラグイン｜データベースアップデート」ページのアップデート実行をクリックします。

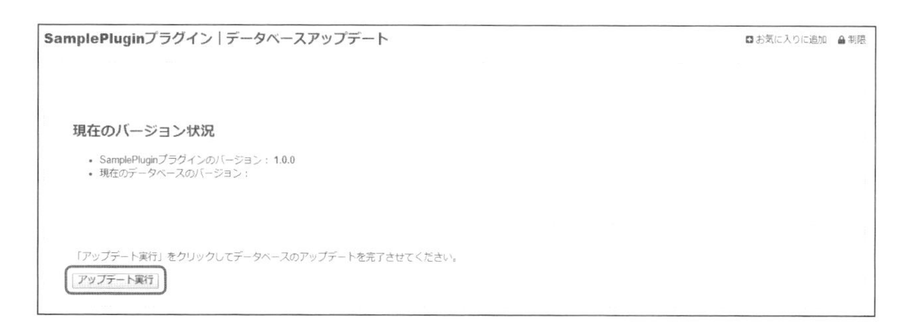

「プラグイン一覧に移動する」リンクをクリックします。

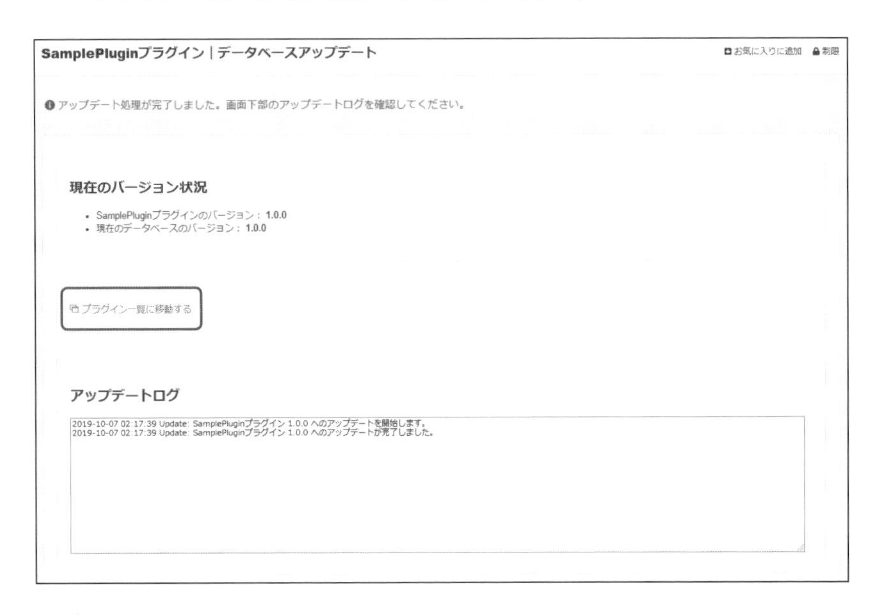

一覧ページのSamplePlugin項目にバージョンが表示されていることを確認します。

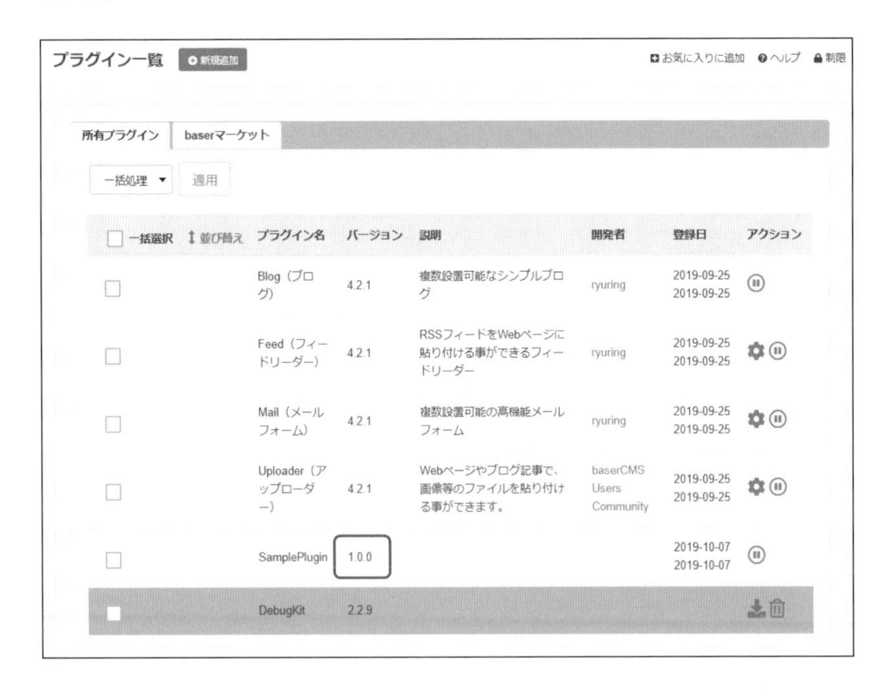

◆「config.php」の配置

app/Plugin/SamplePlugin/Config 以下に config.php を作成し、次のように記述します。

▼config.php

SOURCE CODE

```
<?php
$title = 'サンプルプラグイン';
$description = 'プラグインの説明';
// プラグイン管理画面へのパス
$adminLink = '/admin/プラグイン名/コントローラ名/アクション名';
$installMessage = 'インストール直前のメッセージ';
$author = '開発者名';
$url = '開発者のサイトURL';
```

プラグイン一覧ページを更新して内容を確認します。

プラグイン一覧　新規追加　お気に入りに追加　ヘルプ　制限

所有プラグイン　baserマーケット

一括処理 ▼　適用

一括選択	並び替え	プラグイン名	バージョン	説明	開発者	登録日	アクション
		Blog（ブログ）	4.2.1	複数設置可能なシンプルブログ	ryuring	2019-09-25 2019-09-25	
		Feed（フィードリーダー）	4.2.1	RSSフィードをWebページに貼り付ける事ができるフィードリーダー	ryuring	2019-09-25 2019-09-25	
		Mail（メールフォーム）	4.2.1	複数設置可能の高機能メールフォーム	ryuring	2019-09-25 2019-09-25	
		Uploader（アップローダー）	4.2.1	Webページやブログ記事で、画像等のファイルを貼り付ける事ができます。	baserCMS Users Community	2019-09-25 2019-09-25	
		SamplePlugin（サンプルプラグイン）	1.0.0	プラグインの説明	開発者名	2019-10-07 2019-10-07	
		DebugKit	2.2.9				

ページを追加する

プラグインから新規にページを追加します。baserCMSの固定ページとして追加するのではなく、CakePHPの規約に従って追加することにします。

この項目の最終ファイルは「005/sample_005_002」で確認することができます。

◆ Controllerの追加

`app/Plugin/SamplePlugin/Controller` 以下に `HomeController.php` を作成して次のように記述します。

▼HomeController.php　SOURCE CODE

```
<?php
class HomeController extends AppController   {
    public function index() {
        $this->set('value', 'サンプル');
    }
}
```

◆ Viewの追加

`app/Plugin/SamplePlugin/View/Home` 以下に `index.php` を作成して次のように記述します。

▼index.php　SOURCE CODE

```
<?php echo $value; ?>ページ
```

◆ 表示を確認する

`http://{baserCMSインストールルート}/sample_plugin/home/index` をブラウザで開きます。

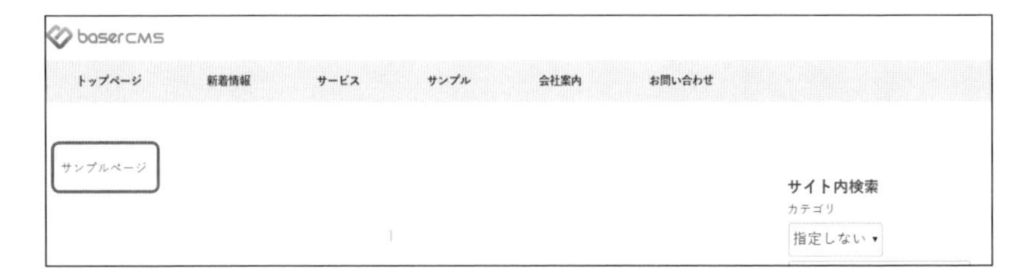

ページが表示されコンテンツに「サンプルページ」と表示されます。

データベースを作成する

プラグインの導入時に、データベースを作成する方法を解説します。作成するテーブル名は sample_plugins とします。テーブルは次のカラムを持ちます。

```
+----------+------------+------+-----+---------+
| Field    | Type       | Null | Key | Default |
+----------+------------+------+-----+---------+
| id       | int(8)     | NO   | PRI | NULL    |
| name     | varchar(50) | YES |     | NULL    |
| created  | datetime   | YES  |     | NULL    |
| modified | datetime   | YES  |     | NULL    |
+----------+------------+------+-----+---------+
```

この項目の最終ファイルは「005/sample_005_003」で確認することができます。

◆スキーマファイルの作成

データベースを定義したスキーマファイルを作成します。スキーマファイルは app/Plugin/{**プラグイン名**}/Config/Schema 以下に作成します。今回作成するファイルは app/Plugin/SamplePlugin/Config/Schema/sample_plugins.php です。 sample_plugins.php には次のコードを記述します。

▼sample_plugins.php　SOURCE CODE

```
<?php
class SamplePluginsSchema extends CakeSchema {

    // アッパーキャメルケースで指定
    public $name = 'SamplePlugins';

    // アンダーバー区切りで指定
    public $file = 'sample_plugins.php';

    public $connection = 'default';

    public function before($event = []) {
        return true;
    }
```

```
    public function after($event = []) {
    }

    // カラムの定義
    public $sample_plugins = [
        'id' => ['type' => 'integer', 'null' => false,
            'default' => null, 'length' => 8, 'key' => 'primary'],

        'name' => ['type' => 'string', 'null' => true,
            'default' => null, 'length' => 50],

        'created' => ['type' => 'datetime', 'null' => true,
            'default' => null],

        'modified' => ['type' => 'datetime', 'null' => true,
            'default' => null],

        'indexes' => ['PRIMARY' => ['column' => 'id', 'unique' => 1]],

        'tableParameters' => ['charset' => 'utf8',
            'collate' => 'utf8_general_ci']
    ];
}
```

◆「init.php」の作成

`app/Plugin/{プラグイン名}/Config/init.php` を作成し、データベースの初期化処理を記述します。今回は `app/Plugin/SamplePlugin/Config/init.php` です。`init.php` には次のように記述します。

▼init.php　SOURCE CODE

```
<?php
// スキーマ名のSamplePluginsではなくプラグイン名を指定する
$this->Plugin->initDb('plugin', 'SamplePlugin');
```

◆プラグインの再インストール

管理サイトの「設定」→「プラグイン管理」でプラグイン一覧から「Sample Plugin」を無効化し、再度インストールします。

◆テーブルの確認

データベースにテーブルが登録されていることを確認します。

COLUMN 管理サイトからスキーマファイルを生成する

既存のテーブルのスキーマファイルは管理サイトの「設定」→「ユーティリティ」→「スキーマファイル生成」からダウンロードすることができます。新規にテーブルを作成する場合も既存テーブルのスキーマを参考にするとよいでしょう。

初期データを登録する

プラグインのインストール時に作成した sample_plugins テーブルに初期データを挿入する方法について解説します。

この項目の最終ファイルは「005/sample_005_004」で確認することができます。

◆初期データファイルの作成

初期データのファイルは app/Plugin/{**プラグイン名**}/Config/data/default 以下に作成します。ファイル名は {**テーブル名**}.csv とします。今回は app/Plugin/SamplePlugin/Config/data/default/sample_plugins.csv を作成します。ファイルには次のように記述します。

▼sample_plugins.csv　SOURCE CODE

```
"id","name","created","modified"
"","サンプルプラグインname","",""
```

◆プラグインの再インストール

管理サイトの「設定」→「プラグイン管理」でプラグイン一覧から「Sample Plugin」を無効化し、再度インストールします。

◆テーブルの確認

テーブルにデータが挿入されていることを確認します。

プラグインイベント

プラグインからbaserCMS本体に処理を加えるためのイベントについて解説します。

プラグインイベントの概要

bacerCMS本体の処理にプラグインの処理を挟みたい場合はイベントを利用します。bacerCMS本体が発行するさまざまなイベントに対して、プラグイン側でイベントリスナを用意して購読します。

◆プラグインで利用できるイベントリスナ

プラグインで利用できるイベントリスナは次の通りです。

イベントリスナ	説明
コントローライベントリスナ	Controllerが発行したイベントを購読することができる
モデルイベントリスナ	Modelが発行したイベントを購読することができる
ビューイベントリスナ	Viewが発行したイベントを購読することができる
ヘルパイベントリスナ	ヘルパークラスが発行したイベントを購読することができる

◆購読可能な本体のイベント

baserCMSではインストール直後から購読することができるイベントが定義されています。購読可能なイベントとイベントが発行されるタイミングについて一覧を掲載します。

• Controllerイベント

Controllerイベントは次の通りです。

Controllerイベント	説明
{CakePHP標準イベント名}	例：beforeRender
{Controller名}.{CakePHP標準イベント名}	例：Home.beforeRender
Mail.Mail.beforeSendEmail	メール送信直前
Mail.Mail.afterSendEmail	メール送信直後
Blog.BlogPosts.afterAdd	ブログ記事追加直後

Controllerイベント	説明
Blog.BlogPosts.afterEdit	ブログ記事編集直後
Users.afterAdd	新規ユーザ追加直後
Users.afterEdit	既存ユーザ編集直後
Pages.afterAdd	新規ページ追加直後
Pages.afterEdit	既存ページ編集直後

上記以外にもController固有のイベントがあります。たとえば、`ContentsController` は `Contents.searchIndex` などの固有のイベントを発行します。

CakePHP標準イベントには次の4つがあります。

イベント	説明
initialize	Controllerの初期化時
beforeRender	Viewの描画前
beforeRedirect	リダイレクトの直前
shutdown	描画が完了した後

COLUMN イベントとリクエストライフサイクルコールバック

リクエストの特定のタイミングでControllerから処理を挟みたい場合は「リクエストライフサイクルコールバック」を利用します。

「リクエストライフサイクルコールバック」はイベントの仕組みを利用しますが、`initialize` に相当するタイミングで `beforeFilter` メソッドが呼び出されます。これは次のようにイベントとイベントに対応するコールバックが定義されているからです。

▼lib/Cake/Controller/Controller.php　SOURCE CODE

```
public function implementedEvents() {
    return array(
        'Controller.initialize' => 'beforeFilter',
        'Controller.beforeRender' => 'beforeRender',
        'Controller.beforeRedirect' => array(
            'callable' => 'beforeRedirect', 'passParams' => true),
        'Controller.shutdown' => 'afterFilter'
    );
}
```

● Viewイベント

Viewイベントは次の通りです。

イベント	説明
{CakePHP標準イベント名}	例：beforeLayout
{Controller名}.{CakePHP標準イベント名}	例：Home.beforeLayout
beforeElement	エレメント生成直前
afterElement	エレメント生成直後
{Controller名}.beforeElement	エレメント生成直前
{Controller名}.afterElement	エレメント生成直後
header	ヘッダーエレメント生成直後
footer	フッターエレメント生成直後
{Controller名}.header	ヘッダーエレメント生成直後
{Controller名}.footer	フッターエレメント生成直後

CakePHP標準イベントには次の6つがあります。

イベント	説明
beforeRender	Controllerの「beforeRender」メソッドの後に呼び出される
beforeRenderFile	各Viewファイルが描画される前に呼び出される
afterRenderFile	各Viewファイルが描画された後に呼び出される
afterRender	Viewが描画された後、レイアウトの描画開始前に呼び出される
beforeLayout	レイアウトの描画開始前に呼び出される
afterLayout	レイアウトの描画が完了した時に呼び出される

● Modelイベント

Modelイベントは次の通りです。

イベント	説明
{CakePHP標準イベント名}	例：beforeFind
{Model名}.{CakePHP標準イベント名}	例：User.beforeFind

CakePHP標準イベントには次の9つがあります。

イベント	説明
beforeFind	ModelのFindメソッドの前に呼び出される
afterFind	ModelのFindメソッドの後に呼び出される

イベント	説明
beforeValidate	Modelのバリデーションの前に呼び出される
afterValidate	Modelのバリデーションの後に呼び出される
beforeSave	ModelのSaveメソッドの前に呼び出される
afterSave	ModelのSaveメソッドの後に呼び出される
beforeDelete	ModelのDeleteメソッドの前に呼び出される
afterDelete	ModelのDeleteメソッドの後に呼び出される
onError	エラー発生時に呼び出される

● ヘルパーイベント

ヘルパーイベントは次の通りです。

イベント	説明
Html.beforeGetLink	リンク取得直前
Html.afterGetLink	リンク取得直後
Form.beforeCreate	フォーム開始タグ生成直前
Form.afterCreate	フォーム開始タグ生成直後
Form.beforeEnd	フォーム終了タグ生成直前
Form.afterEnd	フォーム終了タグ生成直後
Form.beforeInput	フォームパーツタグ生成直前
Form.afterInput	フォームパーツタグ生成直後
Form.afterForm	メインフォーム生成直後
Form.afterOptionForm	オプションフォーム生成直後

イベントリスナーを作成する

Controllerのイベントリスナーを作成して、その動作を確認してみましょう。
本項の最終ファイルは「005/sample_005_005」で確認することができます。

◆ イベントリスナーファイルの作成

Controllerのイベントリスナーは次のようなルールに基づいて作成します。

```
app/Plugin/{プラグイン名}/Event/{プラグイン名}ControllerEventListener.php
```

プラグイン名が SamplePlugin の場合、次のファイルを作成します。

```
app/Plugin/SamplePlugin/Event/SamplePluginControllerEventListener.php
```

SamplePluginControllerEventListener.php に次のようにコードを記述します。

▼SamplePluginControllerEventListener.php SOURCE CODE

```
<?php
// クラス名、ファイル名は規約に従って付ける必要がある
class SamplePluginControllerEventListener
    extends BcControllerEventListener {

    // イベントの登録
    public $events = [
        'SamplePlugin.Home.initialize',
        'SamplePlugin.Home.beforeRender',
        'SamplePlugin.Home.shutdown',
    ];

    public function samplePluginHomeInitialize(CakeEvent $event) {
        pr("ControllerEventListener::initialize");

        $controller = $event->subject();
        $controller->set('value', 'samplePluginHomeInitialize');
    }

    public function SamplePluginHomeBeforeRender(CakeEvent $event) {
        pr("ControllerEventListener::BeforeRender");

        $controller = $event->subject();
        $controller->set('value', 'SamplePluginHomeBeforeRender');
    }

    public function SamplePluginHomeShutdown(CakeEvent $event) {
        pr("ControllerEventListener::Shutdown");

        $controller = $event->subject();
        $controller->set('value', 'SamplePluginHomeShutdown');
    }
}
```

クラス名は {プラグイン名}ControllerEventListener とし、BcControllerEventListener を継承します。

$events には購読するイベント名を記述します。 'SamplePlugin.Home.initialize' というイベント名であれば、SamplePlugin プラグインの「Home」コントローラの「initialize」イベントという意味です。

'SamplePlugin.Home.initialize' イベントのコールバックメソッドは samplePluginHomeInitialize とローワーキャメルケースの名前にします。

それぞれのメソッドの中では引数の $event の subject メソッドからイベントを発行したコントローラを取得しています。

▼引数の「$event」からイベントの発行元を取得できる　SOURCE CODE

```
$controller = $event->subject();
$controller->set('value', 'samplePluginHomeInitialize');
```

続いてコントローラの set メソッドを呼び出し、Viewに渡す値を変更しています。最終的にViewに渡る値を確認するためにそれぞれ変更する値は別に設定しています。

◆ コントローラの変更

イベントの順序を確認するためにControllerのコードも変更します。 app/Plugin/SamplePlugin/Controller/HomeController.php を次のように書き換えます。

▼HomeController.php　SOURCE CODE

```
<?php
class HomeController extends AppController   {
    public function index() {

        pr("Controller::beforeSet");

        $this->set('value', 'サンプル');

        pr("Controller::afterSet");
    }
}
```

`http://{baserCMSインストールルート}/sample_plugin/home/index` にアクセスすると次の順番で出力されます。

- ControllerEventListener::initialize
- Controller::beforeSet
- Controller::afterSet
- ControllerEventListener::BeforeRender
- ControllerEventListener::Shutdown

画面には「SamplePluginHomeBeforeRenderページ」と表示されます。

◆ 処理の流れ

処理の流れは次の通りです。

❶ Controllerの初期化処理時に「initialize」イベントが発行される。

❷ 続いてControllerの「index」アクションが実行され、「value」の値は「サンプル」に変更される。

❸ 「beforeRender」イベントが発行され、「value」の値は「SamplePluginHomeBeforeRender」に変更される。

❹ 画面が描画され画面には「SamplePluginHomeBeforeRenderページ」と表示される。

❺ 最後に「shutdown」イベントが発行されるが、描画は終わっているので「set」した値は画面に表示されない。

プラグインのアップデート

プラグインのアップデートの際にデータベースの更新などの処理を行う方法について解説します。

本項の最終ファイルは「005/sample_005_006」で確認することができます。

◆ VERSION.txtの変更

`VERSION.txt` に記述したバージョンを変更します。

▼VERSION.txt SOURCE CODE

```
1.0.1
```

◆ アップデートスクリプトの作成

アップデートの際に実行されるスクリプトを作成します。アップデートスクリプトは次のパスに作成します。

```
app/Plugin/{プラグイン名}/Config/update/{バージョン}/updater.php
```

プラグイン名が `SamplePlugin` 、アップデートするバージョンが `1.0.1` ならば次のパスに作成します。

```
app/Plugin/SamplePlugin/Config/update/1.0.1/updater.php
```

アップデートスクリプトからブログ記事のタイトルを変更してみます。

▼プラグインの更新でテーブルの中身を変更する(updater.php)　SOURCE CODE

```
<?php
// ここにアップデートしたい処理を記述します。
// $thisはUpdatersControllerです。

// BlogPostモデルを取得
$BlogPost = ClassRegistry::init('Blog.BlogPost');

// 最初の一件を取得する
$first = $BlogPost->find("first");

// nameを変更して保存する
$first['BlogPost']['name'] ='プラグインで更新しました';

$BlogPost->save($first['BlogPost']);
```

◆ アップデートを行う

管理サイトの「設定」→「プラグイン管理」を表示すると「VERSION.txt」を更新した「SamplePlugin」の欄に「アップデートを完了してください」と表示されています。

アクション列の更新アイコンをクリックします。

「プラグイン|データベースアップデート」ページに遷移します。「アップデート実行」をクリックして、アップデートを行います。

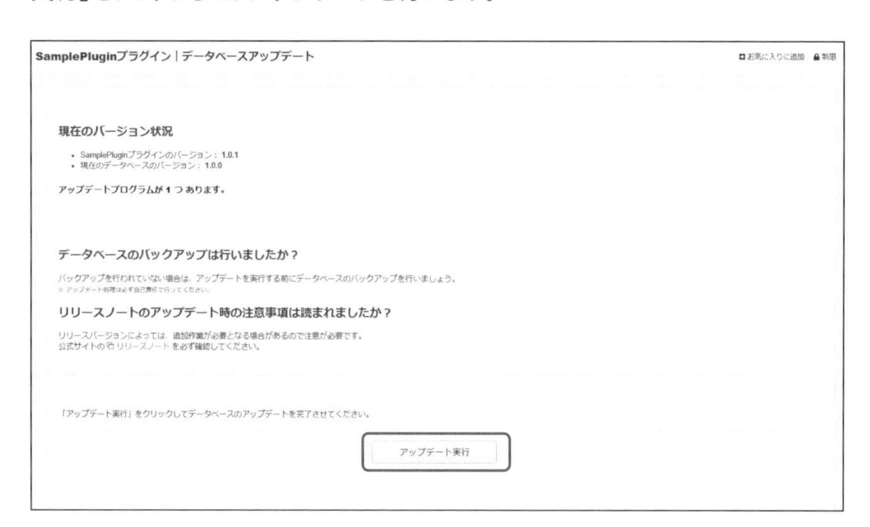

索引
INDEX

記号・数字

アルファベット

あ行

か行

さ行

た行

な行

は行

ま行

や行

ら行

わ行

■著者紹介

にしむら まこと
西村 誠

プログラマー兼ライター
EC-CUBE公式エヴァンジェリスト
Microsoft MVP Developer Technologies

アプリケーション開発から書籍の執筆・Web学習サイトでのIT技術系の動画配信・プログラミングのインストラクターまでさまざまな角度からシステム開発に関わる。

編集担当 ： 吉成明久 / カバーデザイン ： 秋田勘助（オフィス・エドモント）
カバーイラスト：©カネウチカズコ

基礎から学ぶ baserCMS

2020年2月3日　　初版発行

著　者　西村誠
発行者　池田武人
発行所　株式会社　シーアンドアール研究所
新潟県新潟市北区西名目所4083-6（〒950-3122）
電話　025-259-4293　FAX　025-258-2801
印刷所　株式会社　ルナテック

ISBN978-4-86354-297-6 C3055